Nordrhein-Westfälische Akademie der Wissenschaften

Natur-, Ingenieur- und Wirtschaftswissenschaften   Vorträge · N 413

Herausgegeben von der
Nordrhein-Westfälischen Akademie der Wissenschaften

ERNST BAYER

Theorie und Praxis der
Niedertemperaturkonvertierung
zur Rezyklisierung von Abfällen

HANSJÖRG SINN

Wertstoff- und Energie-Rückgewinnung
aus hochkalorigen Abfallstoffen wie
Altreifen und Kunststoff-Schrott

Springer Fachmedien Wiesbaden GmbH

389. Sitzung am 13. Januar 1993 in Düsseldorf

Die Deutsche Bibliothek – CIP-Einheitsaufnahme

Bayer, Ernst:
Theorie und Praxis der Niedertemperaturkonvertierung zur Rezyklisierung von Abfällen / Ernst Bayer. Werkstoff- und Energie-Rückgewinnung aus hochkalorigen Abfallstoffen wie Altreifen und Kunststoff-Schrott / Hansjörg Sinn. – Opladen: Westdt. Verl., 1995
  (Vorträge / Nordrhein-Westfälische Akademie der Wissenschaften: Natur-, Ingenieur- und Wirtschaftswissenschaften; N 413)
  ISBN 978-3-531-08413-8
NE: Sinn, Hansjörg: Werkstoff- und Energie-Rückgewinnung aus hochkalorigen Abfallstoffen wie Altreifen und Kunststoff-Schrott; Nordrhein-Westfälische Akademie der Wissenschaften (Düsseldorf): Vorträge / Natur-, Ingenieur- und Wirtschaftswissenschaften

---

© 1995 by Springer Fachmedien Wiesbaden
Ursprünglich erschienen bei Westdeutscher Verlag GmbH Opladen in 1995

Satz, Druck und buchbinderische Verarbeitung: Boss-Druck, Kleve

ISSN 0944-8799

ISBN 978-3-531-08413-8   ISBN 978-3-663-14296-6 (eBook)
DOI 10.1007/978-3-663-14296-6

Inhalt

Ernst Bayer, Tübingen
Theorie und Praxis der Niedertemperaturkonvertierung zur
Rezyklisierung von Abfällen 7
  Einleitung und Problemstellung 7
  Bildung von Öl aus Biomasse 11
  Klärschlamm als Substrat 13
  Mechanistische Betrachtungen 18
  Schicksal chlororganischer Verbindungen bei der NTK 20
  Landwirtschaftliche Biomasse 23
  Andere Substrate und technische Ausgestaltung 27
  Schlußbemerkung 28
  Literatur 29

Diskussionsbeiträge
  Professor Dr. phil. *Lothar Jaenicke;* Professor Dr. rer. nat. *Ernst Bayer;*
  Professor Dr.-Ing. *Erhard Hornbogen;* Professor Dr.-Ing. *Georg Menges;*
  Professor Dr. rer. nat. *Hermann Sahm;* Professor Dr. rer. nat. *Rolf Appel;*
  Professor Dr. rer. nat. *Werner Schreyer;* Professor Dr. rer. nat. *Manfred
  Baerns;* Professor Dr. rer. nat., Dr. h. c. mult. *Günther Wilke* 31

Hansjörg Sinn, Hamburg
Wertstoff- und Energie-Rückgewinnung aus hochkalorigen
Abfallstoffen wie Altreifen und Kunststoff-Schrott 35

Diskussionsbeiträge
  Professor Dr. phil. *Lothar Jaenicke;* Professor Dr. rer. nat., Dr.-Ing. E. h.
  Hansjörg Sinn; Professor Dr. rer. nat. *Ernst Bayer;* Professor Dr. rer. nat.
  Manfred Baerns; Professor Dr. rer. nat. *Rolf Appel;* Professor Dr.-Ing.
  Georg Menges; Professor Dr. sc. techn., Dr. h. c. mult. *Alfred Fettweis* 63

Theorie und Praxis der Niedertemperaturkonvertierung zur Rezyklisierung von Abfällen

von *Ernst Bayer*, Tübingen

Einleitung und Problemstellung

Erdöl und Erdgas sind nicht nur wegen ihrer preiswerten Verfügbarkeit wesentliche Energieträger, sondern auch wegen ihrer relativ guten ökologischen Verträglichkeit. Sie lassen sich nahezu rückstandslos zu Brennstoffen, Kraftstoffen und Rohstoffen für die chemische Industrie aufarbeiten und zeigen relativ geringe Toxizität. Im wesentlichen beruht dies darauf, daß in den meisten Erdölen überwiegend aliphatische unverzweigte Kohlenwasserstoffe vorkommen, die, wenn

Abb. 1: Diagenese des Erdöls nach Tissot u. Welte [1]

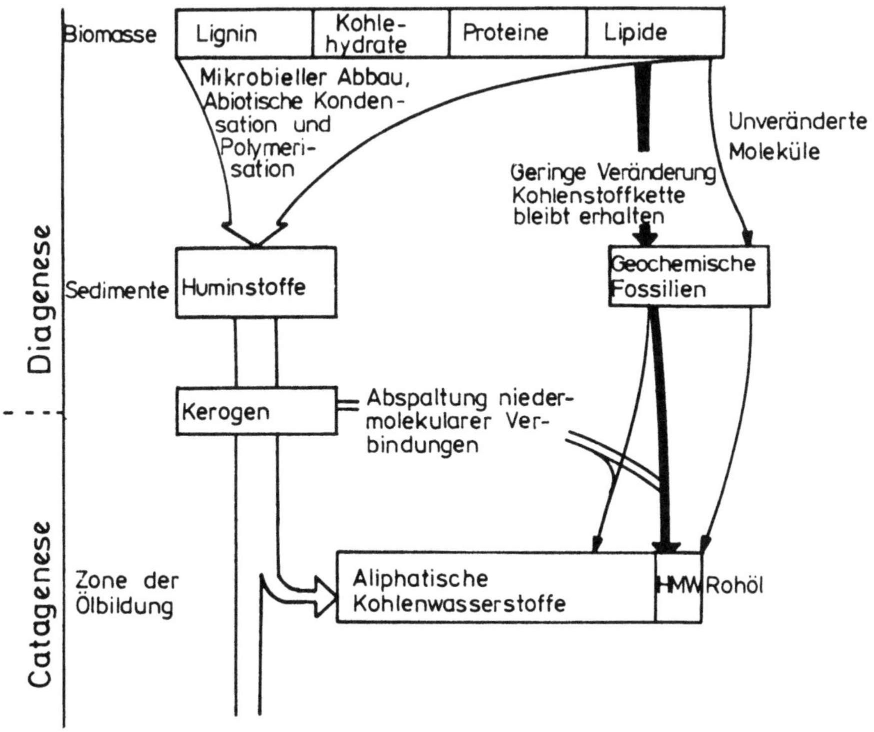

auch langsam, biologisch abbaubar sind. Die wenigen verzweigten Kohlenwasserstoffe gehören ebenfalls naturnahen Isoprenoidgerüsten an. Diese naturnahe Zusammensetzung verleiht dem Erdöl seine umweltverträgliche Nutzung.

Die erste Stufe der Bildung von Erdöl ist die Diagenese [1]. Hierbei wird zunächst Biomasse vorwiegend in aquatischer Umgebung zum Teil abgebaut, zum Teil in Mikroorganismenmasse umgesetzt. Biomasse von Mikroorganismen enthält höhere Anteile an Lipiden und Proteinen als die meisten Pflanzen, bei denen Kohlehydrate Hauptbestandteile sind. Im Verlauf der ersten Stufe der Diagenese werden, wie Abbildung 1 zeigt, Lipide direkt zu Erdölbestandteilen umgewandelt, während andere Biopolymere zu Huminstoffen, der trotz vieler Anstrengungen noch immer rätselhaften Substanzklasse, umgewandelt worden sind. Diese erste Stufe der Diagenese hat sich im wesentlichen bei Raumtemperatur und in den oberen Erdschichten abgespielt. Die Bildung von Huminstoffen als Reststoffen des Abbaus von Biomasse läuft auch heute noch in Gewässern und Böden in großem Ausmaß ab. So schätzt man, daß insgesamt etwa 10^{16} t Huminstoffe (organische Sedimente) auf der Erde vorhanden sind [2], die daher mit großem Abstand den größten Anteil organischer Substanzen dieser Erde ausmachen. Diese als organische Sedimente vorkommenden Huminstoffe entsprechen insgesamt nur etwa 0,1% der primären Produktion organischen Kohlenstoffs durch die Photosynthese, bewirken aber, daß auf Dauer dieser Anteil aus dem Kohlenstoffkreislauf ausscheidet (Abb. 2), also eine wesentliche Senke für CO_2 darstellt.

Abb. 2: Kohlenstoffcyclus mit CO_2-Senke durch fossile Sedimente

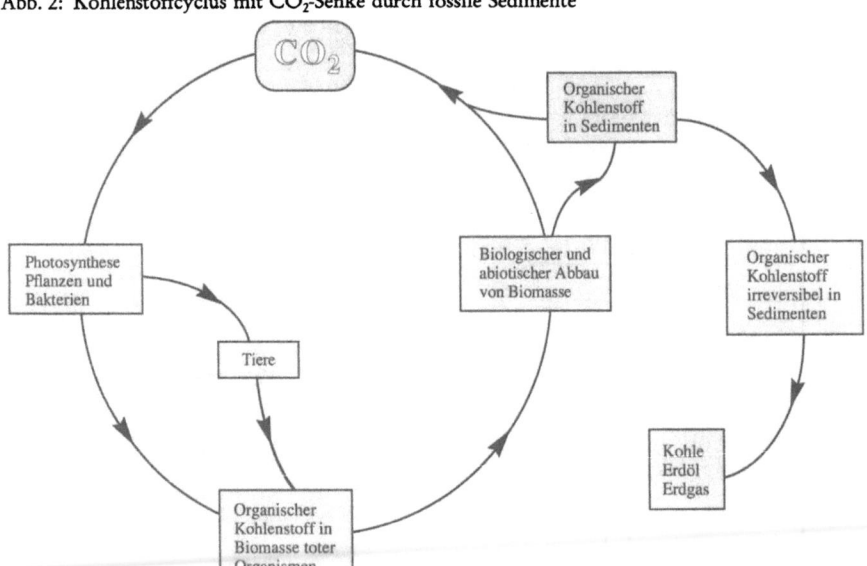

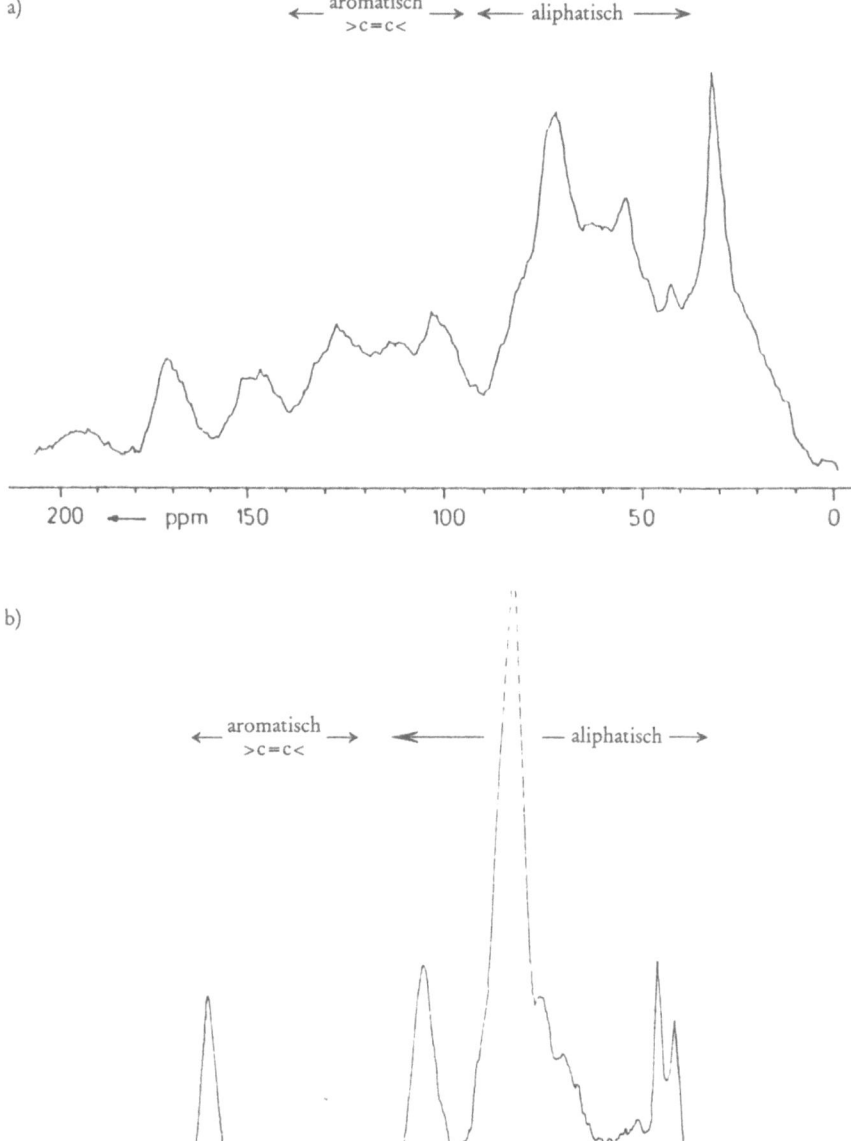

Abb. 3: Festkörper-^{13}C-NMR-Spektren von Huminsäuren aus Torf (a) und Oberflächengewässern (b)

Gerade im Zusammenhang mit der Klimadiskussion wird dieser Senke für CO_2 wenig Aufmerksamkeit gewidmet. So müßten Anstrengungen zur Nutzung dieser Senke unternommen werden, d. h. diejenige nachwachsende Biomasse vorzugsweise angebaut werden, die zur Bildung großer Anteile von Huminstoffen führt. Entsprechend den Darstellungen in Abb. 1 und 2 sind insbesondere Lignine schwer abbaubar und führen zu Huminstoff-ähnlichen Substanzen. Während in vielen Kulturpflanzen der Ligninanteil gering ist, enthalten Bäume große Anteile von Lignin. Mit der zunehmenden Vernichtung der Wälder zugunsten von Kulturpflanzen geht eine erhebliche Verringerung dieser Kohlenstoffsenke einher. Daher ist die Bewahrung der Tropenregenwälder nicht nur wegen der photosynthetischen Leistung wichtig, sondern auch wegen ihres Beitrags zur irreversiblen Herausnahme von organischem Kohlenstoff und damit letzten Endes von CO_2 aus dem Kohlenstoffkreislauf.

Während in aquatischen Huminstoffen kaum Ligninanteile gefunden werden, ist dieser bei Huminstoffen aus terrestrischen Ökosystemen relativ groß. Wie wir gefunden haben [3], läßt sich durch Festkörper-NMR-Spektroskopie der Ligninanteil in Torfhuminsäuren aus den auf Aromaten zurückgehenden Strukturbanden erschließen, wie Abb. 3a zeigt. Aquatische Huminstoffe enthalten dagegen überwiegend aliphatische Strukturelemente, die auf Zucker und offenbar auch Lipide zurückgeführt werden können (Abb. 3b). Letzterer Befund ist auch wesentlich für die Bildung von Erdöl, da er erklärt, warum es keine größeren Anteile an Aromaten enthält. Denn der Diagenese in aquatischem Medium folgt die als Katagenese bezeichnete weitere Umwandlung der in aquatischem Medium gebildeten organischen Sedimente über Kerogen zu Erdöl [1]. Während die Diagenese noch heute in großem Ausmaß abläuft und nachvollziehbar ist, verbleibt die Katagenese im Dunkel der Evolution. Rein chemisch gesehen ist die Katagenese eine Abspaltung der Heteroelemente Sauerstoff, Schwefel und Stickstoff unter Bildung der aliphatischen Kohlenwasserstoffe. Hierbei gelangen die organischen Sedimente von der Oberfläche in Tiefen, wo vor allem auch höhere Temperaturen diese Abspaltungen von Heteroelementen begünstigen. Für eine Nachahmung der Erdölbildung wäre nun interessant, über diese Bedingungen der Entfunktionalisierung etwas genauer Bescheid zu wissen. Nun finden sich in Erdölen unzweifelhaft direkt von Naturstoffen herstammende Verbindungen, die als Biomarker bezeichnet worden sind [4]. Eine der markantesten Klassen solcher Biomarker sind die Porphyrine, die schon von Treibs [5] im Erdöl entdeckt worden sind. Diese fossilen Biomarker sind bei Temperaturen über 300–400 °C nicht stabil und somit ist auch gleichzeitig eine obere Temperaturgrenze bei der Erdölbildung gegeben. Aber weder Huminstoffe noch Lipide können bei Temperaturen unterhalb 400 °C unter rezenten Laborbedingungen zu Kohlenwasserstoffen entfunktionalisiert werden. Im Gegenteil können viele Triglyceride, wie z. B. Tripalmitin oder Tristearin, bei höheren Temperaturen unzersetzt destilliert werden. Durch eine rein thermische Reaktion läßt sich somit die Erdölbildung aus Biomasse im Laboratorium nicht nachvollziehen. Selbst bei höheren Temperaturen über 400 °C würde organische Biomasse nicht zu höheren aliphatischen Kohlenwasserstoffen umgesetzt, sondern zu aromatischen Kohlenwasserstoffen, den Hauptprodukten der Pyrolyse im mittleren Temperaturbereich [6]. Wäre die Temperatur wesentlich höher als 400 °C gewesen, hätte man, wie bei der Pyrolyse im Bereich von 420–600 °C, aromatische und nicht aliphatische Kohlenwasserstoffe als Hauptkomponenten im Erdöl finden müssen.

Bildung von Öl aus Biomasse

Daher lag der Gedanke nahe, daß die Entfunktionalisierung von Biomasse bei der Erdölentstehung unter dem katalytischen Einfluß anorganischer Bestandteile vonstatten gegangen ist. Schon Engler hat die Vermutung geäußert, daß bei der Erdölbildung katalytische Prozesse beteiligt waren, ohne dies jedoch experimentell zu belegen. Diese Katalysatoren müßten am Entstehungsort des Erdöls noch vorhanden sein. Da aber bei der Bildung der Erdöllagerstätten Wanderungen stattgefunden haben, ist ein direkter Nachweis dieser Hypothese schwierig. Nun gibt es aber Ölschiefer, bei denen die Öle in unmittelbarer Nachbarschaft von versteinerten Organismen gefunden werden. Hier bestand eine größere Aussicht, auf die Spur von katalytisch aktiven Substanzen zu stoßen.

Um diesen Nachweis zu führen, haben wir ein relativ einfaches Experiment unternommen. Aus einem Ölschiefervorkommen wurde eine Probe entnommen und das darin enthaltene Öl extrahiert. Die entölte Gesteinsprobe wurde fein pulverisiert, mit Lipiden vermischt und unter anaeroben Bedingungen bei 280–400 °C erhitzt. Während das ohne Schieferzusatz erhitzte Lipid Tripalmitin unzersetzt destilliert, wie die Thermogravimetrie in Abb. 4a zeigt, treten bei mit Gesteinsprobe gemischtem Tripalmitin schon ab 300 °C Zersetzungserscheinungen auf (Abb. 4b) und es wird ein Öl gebildet, das mittels Gaschromatographie-Massenspektrometrie untersucht wurde. In Abb. 9a ist das Gaschromatogramm des durch katalytische Entfunktionalisierung von Lipid-Biomasse gebildeten Öls dem Gaschromatogramm eines Nordseeöls in Abb. 5 gegenübergestellt. Eine frappierende Ähnlichkeit zeigt sich darin, daß in beiden Proben unverzweigte aliphatische Kohlenwasserstoffe Hauptkomponenten sind. Die im Erdöl enthaltenen höheren Kohlenwasserstoffe fehlen im Öl aus dem Lipid. Dafür findet sich im Lipidöl vor dem jeweiligen gesättigten Kohlenwasserstoff ein Vorpeak, der dem ungesättigten 1-Olefin zugeordnet werden konnte. Wenn diese ungesättigten Kohlenwasserstoffe auch im Erdöl ursprünglich gewesen wären, hätten sie poly-

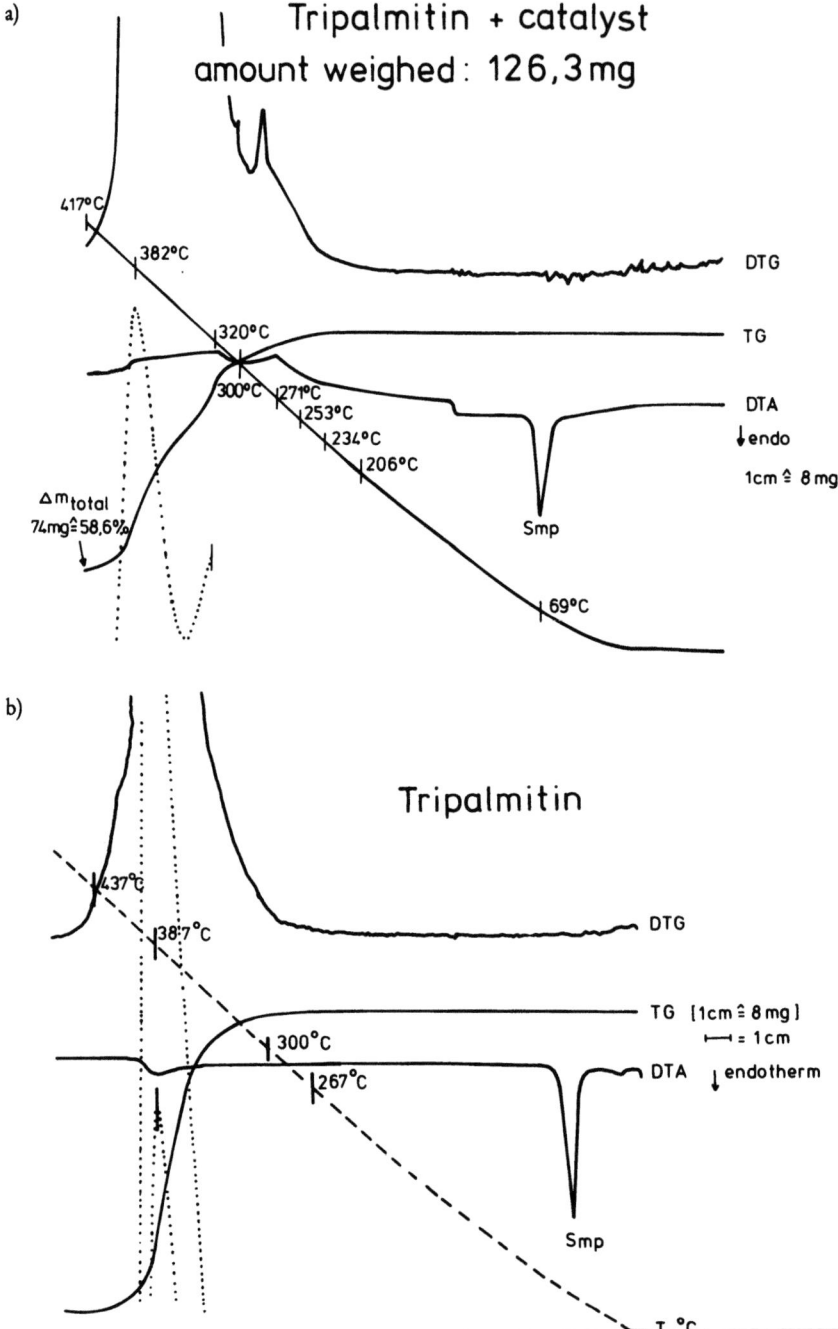

Abb. 4: Differentialthermogravimetrie von Tripalmitin mit (a) und ohne Katalysatorzusatz (b)

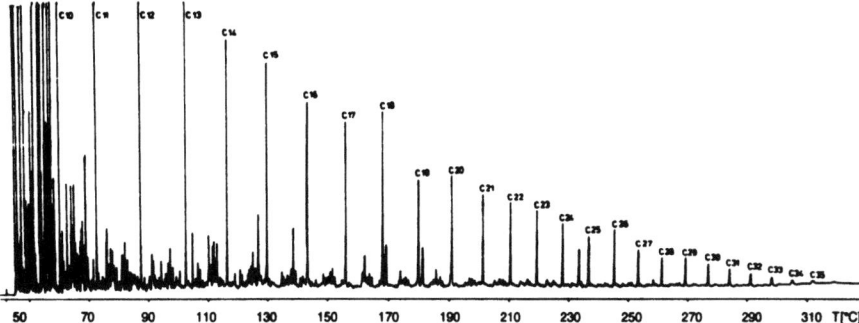

Abb. 5: Gaschromatogramm eines Nordseeöls

merisiert. Dies könnte auch die Ursache für die im Erdöl zu findenden höheren Kohlenwasserstoffe und Asphalte sein, für deren Entstehung es keine biologische Vorstufe gibt. Neben den Kohlenwasserstoffen finden sich im Öl aus Lipiden, je nach Vollständigkeit der Reaktion, noch mehr oder weniger große Gehalte an Fettsäuren. Dies spricht dafür, daß der katalytische Prozeß der Ölbildung aus den Estern über die Zwischenstufe freier Fettsäuren führt.

Nach diesen Modelluntersuchungen an Lipiden wurden auch andere Biopolymere unter den geschilderten Bedingungen katalytisch behandelt. Proteine führen ebenfalls zu Ölen, die auch verzweigte Kohlenwaserstoffe enthalten. Kohlehydrate ergeben hingegen einen von organischen Bestandteilen freien Kohlerückstand. Auch dies erhärtet, daß bei der Bildung der fossilen Brennstoffe Kohle und Erdöl katalytische Prozesse eine Rolle spielten. Auch Kohle ist aus Biomasse, jedoch vorwiegend pflanzlichen Ursprungs mit einem großen Anteil Kohlehydraten und geringen Gehalten an Lipiden, entstanden. Hingegen wurde das Erdöl aus lipidreicherer Biomasse überwiegend aus Mikroorganismen gebildet. Formal entspricht die Bildung von Öl und Kohle aus der Biomasse einer Eliminierung von Wasser, CO_2, Ammoniak und H_2S unter dem katalytischen Einfluß von Silikaten. Wir haben diesem Prozeß die Bezeichnung Niedertemperaturkonvertierung (abgekürzt NTK) gegeben [7-12]. Im weiteren Verlauf der Untersuchungen hat sich ergeben, daß mit Kupfer oder Nickel dotierte Silikate optimale Ölausbeuten ergeben.

Klärschlamm als Substrat

Nach diesen Experimenten mit Einzelkomponenten von Biomasse erhob sich die Frage einer praktischen Nutzung der Niedertemperaturkonvertierung. Lipidreiche Biomasse sollte ein besonders günstiges Ausgangsmaterial für die Gewinnung eines dem Erdöl vergleichbaren Brennstoffs sein. Auf der Suche nach einem geeigneten Substrat bot sich der bei der Abwasserreinigung anfallende Klärschlamm an. Bei der biologischen Abwasserbehandlung wird, wie bei der Diagenese, organische Materie abgebaut, und es fällt als Reststoff Mikroorganismenmasse mit einem hohen Lipidgehalt an. Da Klärschlamm oft auch toxische Stoffe wie Metalle und chlorierte Dibenzodioxine und Dibenzofurane enthält, ist seine Entsorgung zu einem ökologischen Problem geworden. Die landwirtschaftliche Verwendung ist rückläufig und Deponienflächen stehen langfristig nicht zur Verfügung. Mit der Niedertemperaturkonvertierung könnte somit neben der Gewinnung eines Erdöl-ähnlichen Brennstoffs gleichzeitig auch ein Umweltproblem gelöst werden.

Ähnlich wie bei reinen Proteinen und Lipiden tritt auch bei Klärschlamm der Abbau und die Umwandlung zu Öl schon im Temperaturbereich von etwa 280°–400 °C ein. Da Klärschlamm neben der organischen Materie immer erhebliche Anteile anorganischer Stoffe, wie Silikate, SiO_2, Aluminiumoxid und Schwermetallspuren enthält, sind die bei reinen Proteinen und Lipiden notwendigen Katalysatoren schon von Natur aus vorhanden und müssen nicht extra zugesetzt werden. Dies ist für die technische Durchführung der Niedertemperaturkonvertierung eine wesentliche Erleichterung. Experimentell ist dieser Prozeß sehr leicht auszuführen. Auch bei Klärschlamm leistet die Thermoanalyse wieder hervorragende Dienste zur Untersuchung der Reaktionsbedingungen der Konvertierung, wie Abb. 6 zeigt.

Abb. 6: Differentialthermogravimetrie von Klärschlamm (Klärschlamm Remshalden, Einwaage 103,6 mg)

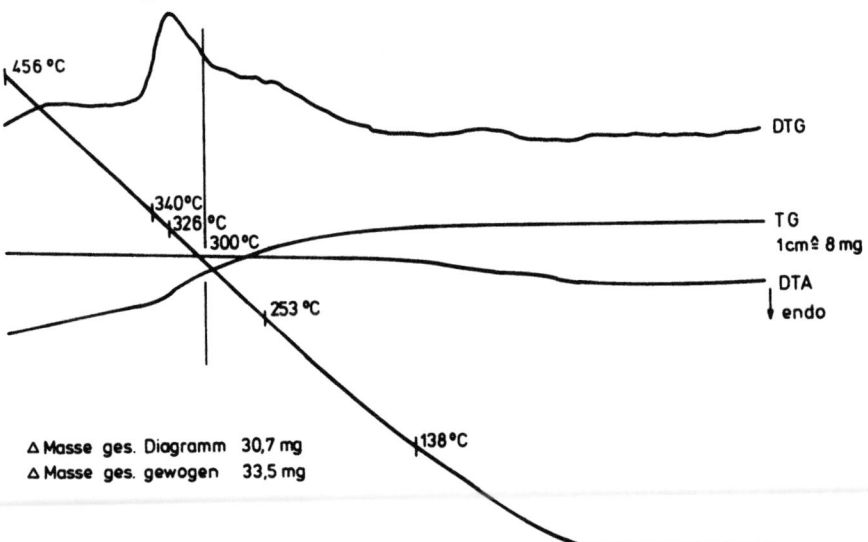

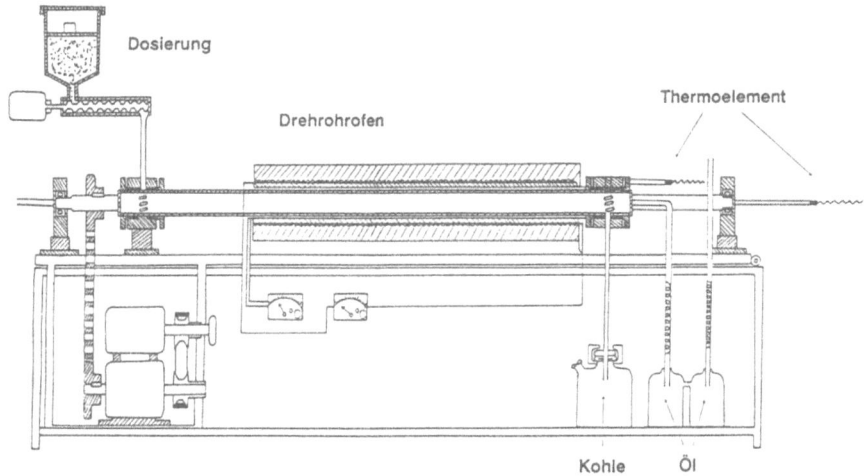

Abb. 7: Drehrohrofen zur kontinuierlichen Niedertemperaturkonvertierung

Im Laboratorium kann die Niedertemperaturkonvertierung diskontinuierlich oder kontinuierlich durchgeführt werden. Das Schema einer kontinuierlichen, bei uns im Laboratorium benutzten Apparatur ist in Abb. 7 zu sehen. Der Klärschlamm wird im Drehrohrofen auf maximal 400 °C erhitzt.

Bezogen auf 1 Tonne Klärschlammtrockensubstanz können etwa 2 Barrel Öl erhalten werden. Ausgefaulte Schlämme liefern etwa die Hälfte Ölausbeute. Daneben fällt ein Kohlerückstand in der Qualität von Braunkohle an, der alle anorganischen Materialien enthält, im Prinzip aber durch Verbrennung als Energielieferant zur Trocknung des Klärschlamms und zur Aufheizung benutzt werden kann. Die Gasfraktion ist mengenmäßig unbedeutsam und enthält vor allem CO_2, CO und CH_4. Sie kann unbedenklich verbrannt werden, da sie sehr schwefelarm ist. Die Massenbilanz der bei der Konvertierung eines Klärschlamms erhaltenen Produkte ist in Abb. 8 zu sehen.

Doch wollen wir bei den Eigenschaften des aus Klärschlamm gewonnenen Öls bleiben. Ist es nun ein Öl, das Erdöl ähnelt, also vorwiegend aliphatische Kohlenwasserstoffe enthält? 60% des aus Klärschlämmen gewonnenen Öls sind neutrale, unpolare Substanzen. Daneben finden sich bis zu 30% freie Fettsäuren und wenig basische Substanzen. Wichtig ist vor allem, daß die Öle im Vergleich zu natürlichem Erdöl überraschend geringe Schwefelgehalte aufweisen mit 0,05–0,7% S. Die Verbrennung ist daher unter wesentlich geringerer Schwefeldioxid-Emission und unter umweltfreundlicheren Bedingungen möglich als bei schwerem und mittlerem Heizöl. Die Verbrennungswärme des Rohöls liegt mit 9000–10 000 cal/g in der Gegend von Roherdöl. Die gaschromatographische Untersuchung erlaubt

Produkte aus Konvertierungsofen

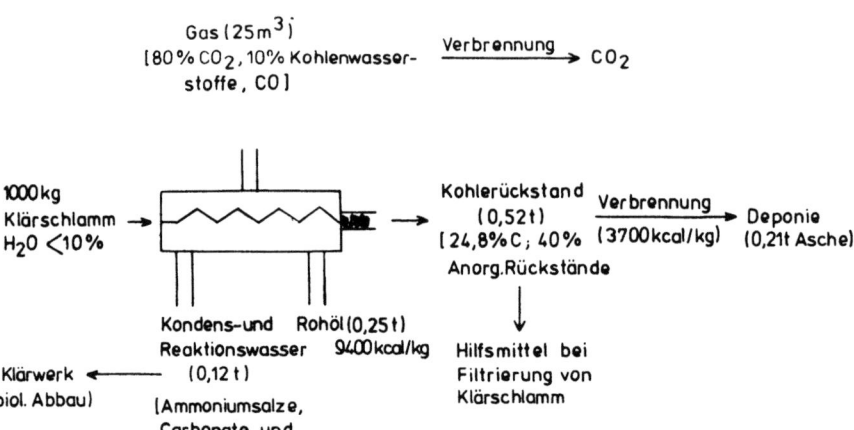

Abb. 8: Massenbilanz der Niedertemperaturkonvertierung von Klärschlamm

nun einen tieferen Einblick in die Zusammensetzung der Öle und kann vor allem auch auf andere Verwendungsmöglichkeiten als Verbrennung Hinweise geben.

Abb. 9a zeigt das Gaschromatogramm eines Gesamtöls. Wie bei Erdöl sind eine Vielzahl von Verbindungen enthalten. Hauptkomponenten sind aliphatische Kohlenwasserstoffe. Vor allem die unverzweigten Olefine und Aliphaten im Bereich von C_8–C_{20} sind im Chromatogramm zu erkennen. Dies wird noch deutlicher bei dem Gaschromatogramm der isolierten Kohlenwasserstoff-Fraktion, das in Abb. 9b wiedergegeben ist. Solche Verbindungen sind als Chemierohstoffe sehr wertvoll. Andererseits sind dies aber auch typische Komponenten von Dieselkraftstoffen. Tatsächlich kann man mit den aus Klärschlamm hergestellten Ölen Dieselmotoren antreiben. Auf längere Sicht ist jedoch die Nutzung als Chemierohstoff günstiger. Interessant ist z. B. ein Bereich alicyclischer Kohlenwasserstoffe mit Steroidgrundgerüsten. Auch die stets bei der Konvertierung entstehenden Fettsäuren können wertvolle Chemierohstoffe sein, da sie Kohlenstoffzahlen zwischen C_{12}–C_{18} aufweisen, wie viele technische Fettsäuregemische.

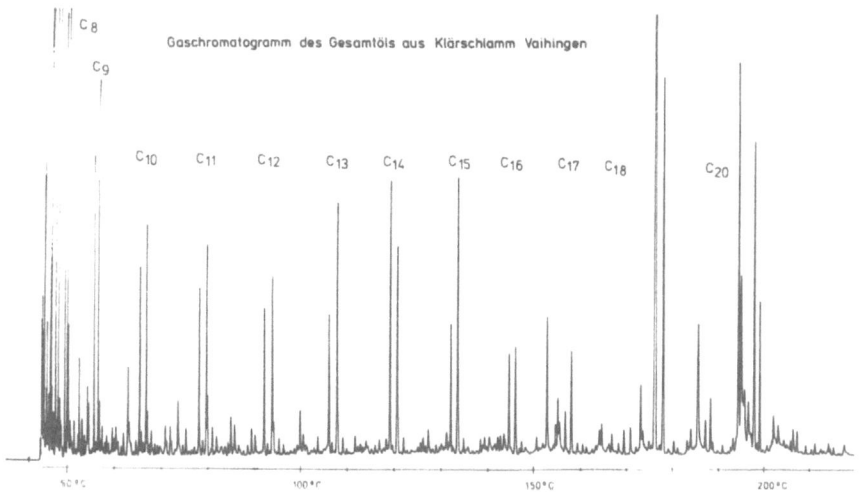
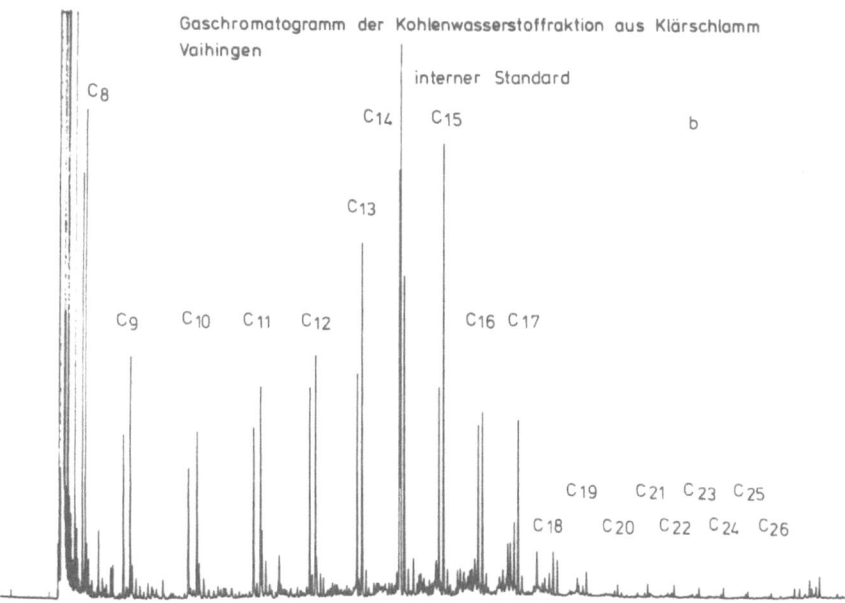

Abb. 9: Gaschromatogramm des Gesamtöls und der abgetrennten Kohlenwasserstoffe aus Klärschlamm

Mechanistische Betrachtungen

Ein Vorteil der relativ niedrigen Temperatur der NTK ist die größere Selektivität der Reaktionen im Vergleich zur Pyrolyse bei höheren Temperaturen. Daher können Mechanismen diskutiert werden.

Bei Lipiden, die Ester des Glycerins sind, bietet sich zunächst die klassische Esterpyrolyse an und anschließend die Decarboxylierung der Carbonsäure. Die klassische Esterpyrolyse verläuft unter Bildung eines Olefins aus der Alkoholkomponente und der Carbonsäure über einen zyklischen Übergangszustand. Jedoch ist ein solcher Mechanismus nicht möglich, da die Alkoholkomponente der Triglyceride zu wenig Wasserstoff enthält, wie dies auch bei Methylestern der Fall ist. Modellstudien an Methylestern legen nahe, daß ein radikalischer Mechanismus zu diskutieren ist, wie er in Abb. 10 wiedergegeben ist. Dieser Mechanismus erklärt die Entstehung der Alkene und Alkane im Bereich von C_4–C_{18} aus Triglyceriden.

Bei Proteinen sind die Verhältnisse komplizierter. Hier dürfte der Bruch der Peptidbindung einleitender Schritt sein, dem dann eine Reihe von Reaktionen folgen, die zu Kohlenwasserstoffen führen, wie dies in Abb. 11 wiedergegeben ist. An Homopolypeptiden, z. B. Polyleucin, als Modellsubstanzen konnte das Olefin und dessen Dimerisierung nachgewiesen werden. Wesentlich ist bei diesem Verfahren, daß aliphatische C-C-Bindungen erhalten bleiben und keine Methanbildung oder Neuentstehung von Aromaten beobachtet wird, wie bei der Hochtemperaturpyrolyse. Dies ist der entscheidende Unterschied zwischen katalytischer Niedertemperaturkonvertierung und Pyrolyse bei höheren Temperaturen sowohl bezüglich der Bildung der Produkte als auch bezüglich der Reaktionsbedingungen.

Mit Klärschlamm steht ein auch in Zukunft anfallender Typ von Biomasse zur Verfügung, der nach der Niedertemperaturkonvertierung zu Öl umgesetzt werden kann. Die Energiebilanz ist positiv, wenn man von Frisch- und Belebtschlämmen ausgeht, die nach mechanischer Trocknung mindestens 25% Feststoffanteile enthalten. Gleichzeitig und vielleicht wichtiger ist damit auch ein ökologisches Problem lösbar. Auch ausgefaulte Biomasse und Schlämme können mit der Niedertemperaturkonvertierung umgesetzt werden. Da aber nur ein Teil der organischen Materie beim Faulungsprozeß zu CH_4 und CO_2 umgesetzt wird, ist die Ölausbeute bei Faulschlämmen geringer. Um bessere Ausbeute an Brennstoff zu erhalten, kann auf die Faulung verzichtet und somit können Investitionen gespart werden.

Ein einfacher Vergleich zeigt die günstigere Energiebilanz der Niedertemperaturkonvertierung gegenüber der Faulung zu Methan. In den Faultürmen werden etwa 50% der organischen Materie nicht umgesetzt und verbleiben als Faul-

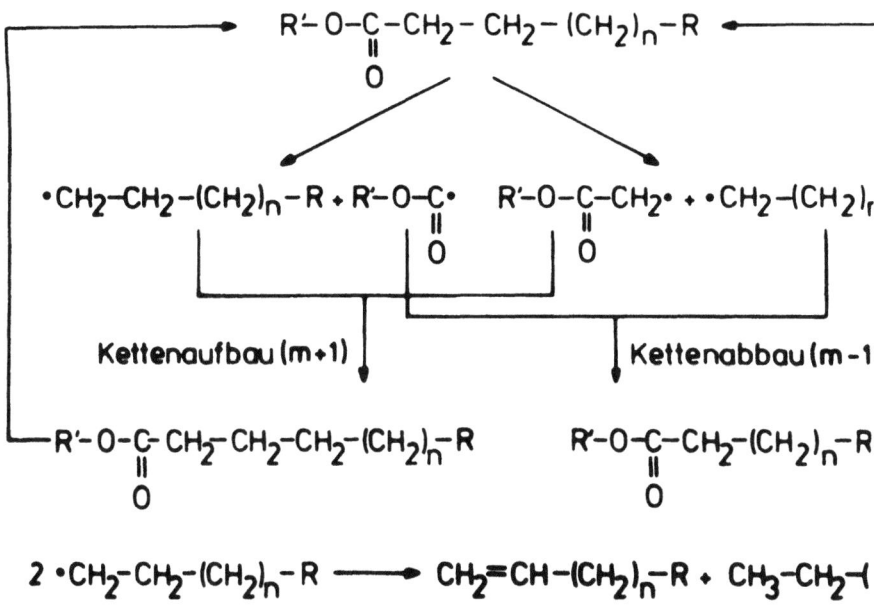

Abb. 10: Mechanismus der Bildung von Kohlenwasserstoffen bei der NTK von Lipiden

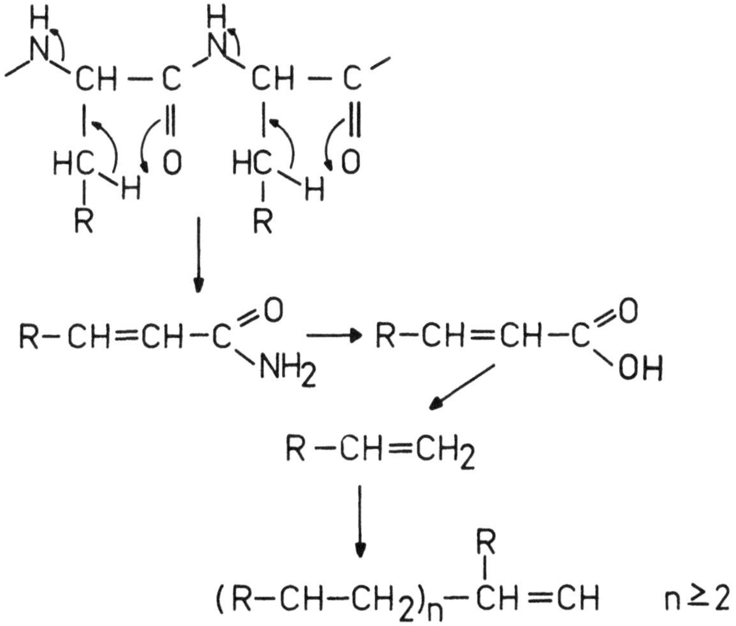

Abb. 11: Mechanismus der Bildung von Kohlenwasserstoffen bei der NTK von Proteinen

schlamm. Von den umgesetzten 50% organischer Materie bilden sich etwa gleiche Anteile an Methan und Kohlensäure. Insgesamt werden also nur 25% des ursprünglichen Kohlenstoffgehalts zum Brennstoff Methan umgesetzt. Bei der Niedertemperaturkonvertierung werden, wie Abb. 8 zeigt, etwa 60–70% des ursprünglichen Kohlenstoffs zu Öl und weitere 30% zu Kohlenstoff im Kohlerückstand umgewandelt. Die Faulung ist daher bezüglich der Bildung von Brennstoffen weniger effizient als alle thermischen und katalytischen Verfahren.

Schicksal chlororganischer Verbindungen bei der NTK

Da die Niedertemperaturkonvertierung vom Mechanismus her gesehen eine Eliminierung ist, war von besonderem Interesse, ob auch Chlor aus chlororganischen Verbindungen abgespalten wird. Da Klärschlämme aus diffusen Einträgen mit polychlorierten Dibenzofuranen (PCDF) und polychlorierten Dibenzodioxinen (PCDD) belastet sein können, war eine Klärung erwünscht.

Bei der Analyse von Klärschlämmen aus einhundert Abwasserbehandlungsanlagen haben Hagenmaier u. Mitarb. [13] zwischen 2,73–128,5 ng/g (arithmet. Mittel 20,01) PCDD und 0,05–10,85 ng/g (arithmet. Mittel 0,88) PCDF gefunden. Die Toxizitätsäquivalente (TE nach BGA) lagen zwischen 0,011 und 0,347 ng/g.

Am Beispiel eines kommunalen Klärschlamms und eines industriellen PVC-Schlamms mit sehr großem Chlorgehalt werden die Ergebnisse im einzelnen dargestellt. Die Ausgangsanalysen dieser beiden Schlämme und die Ausbeuten der Produkte Öl, Kohlerückstand und Restwasser sind in Tab. 1 wiedergegeben. Tab. 2 schlüsselt die einzelnen Kongeneren der PCDD und PCDF auf. Die Konzentrationen des kommunalen Schlammes liegen im oberen Bereich der für kommunale Klärschlämme gefundenen Werte. Auffallend ist, daß der PVC-Schlamm trotz eines relativ hohen Chlorgehaltes keine nachweisbaren (Nachweisgrenze für

Tab. 1: Ausgangsanalyse und Ausbeute an Öl und Kohlerückstand bei typischem kommunalem Schlamm und PVC-Schlamm
(thermisch getrocknet auf > 90% Trockensubstanzanteil)

	Kommunaler Schlamm	PVC-Schlamm
Kohlenstoff	30,70%	23,6%
Wasserstoff	4,90%	3,2%
Stickstoff	3,00%	0,1%
Chlor	<1,00%	11,4%
Glührückstand	31,97%	49,4%
Ölausbeute bei NTK	19,95%	12,1%
Kohlerückstand	53,60%	65,2%
Reaktionswasser	16,95%	5,9%

Tab. 2: Gehalt polychlorierter Dibenzo-p-dioxine (PCDD) und Dibenzo-p-furane (PCDF) in kommunalem Klärschlamm und PVC-Schlamm und in den daraus durch Niedertemperaturkonvertierung produzierten Ölen

Konzentrationen in ng/g	Klärschlamm	Öl aus Klärschlamm	PVC-Schlamm	Öl aus PVC-Schlamm
Tetrachlordibenzodioxine	0,064	n.n.	n.n.	n.n.
Pentachlordibenzodioxine	0,291	n.n.	n.n.	n.n.
Hexachlordibenzodioxine	1,08	1,3	n.n.	n.n.
Heptachlordibenzodioxine	5,43	2,4	n.n.	1,4
Octachlordibenzodioxin	14,31	3,5	n.n.	2,1
Summe Tetra- bis Octachlordibenzodioxine	21,175	7,2	–	3,5
Tetrachlordibenzofurane	1,04	n.n.	n.n.	n.n.
Pentachlordibenzofurane	0,72	n.n.	n.n.	n.n.
Hexachlordibenzofurane	1,31	n.n.	n.n.	n.n.
Heptachlordibenzofurane	4,26	0,11	n.n.	n.n.
Octachlordibenzofuran	3,39	0,14	n.n.	n.n.
Summe Tetra- bis Octachlordibenzofurane	10,72	0,25	–	–
2,3,7,8-Tetrachlordibenzodioxin*	n.n.	n.n.	n.n.	n.n.
1,2,3,7,8-Pentachlordibenzodioxin*	0,018	n.n.	n.n.	n.n.
1,2,3,4,7,8-Hexachlordibenzodioxin*	0,038	n.n.	n.n.	n.n.
1,2,3,6,7,8-Hexachlordibenzodioxin*	0,094	0,24	n.n.	n.n.
1,2,3,7,8,9-Hexachlordibenzodioxin*	0,066	0,13	n.n.	n.n.
1,2,3,4,6,7,8-Heptachlordibenzodioxin	2,960	1,22	n.n.	n.n.
2,3,7,8-Tetrachlordibenzofuran*	0,331	n.n.	n.n.	n.n.
1,2,3,7,8-Pentachlordibenzofuran	0,117	n.n.	n.n.	n.n.
2,3,4,7,8-Pentachlordibenzofuran*	0,068	n.n.	n.n.	n.n.
1,2,3,4,7,8-Hexachlordibenzofuran	0,127	n.n.	n.n.	n.n.
1,2,3,6,7,8-Hexachlordibenzofuran*	0,118	n.n.	n.n.	n.n.
1,2,3,7,8,9-Hexachlordibenzofuran	0,014	n.n.	n.n.	n.n.
2,3,4,6,7,8-Hexachlordibenzofuran	0,289	n.n.	n.n.	n.n.
1,2,3,4,6,7,8-Heptachlordibenzofuran	2,240	0,11	n.n.	n.n.
1,2,3,4,7,8,9-Heptachlordibenzofuran	0,450	n.n.	n.n.	n.n.
TCDD-Äquivalente nach NATO-CCMS (I/TEQ)	0,231	0,05	–	0,002
TCDD-Äquivalente nach BGA (TE)	0,238	0,06	–	0,004

Nachweisgrenzen für Einzelkomponenten: Klärschlamm 0,003 ng/g, sonst 0,05 ng/g
n.n. = nicht nachweisbar

Einzelkomponenten bei 0,05 ng/g) PCDD und PCDF enthält. Im Gegensatz zu kommunalen Klärschlämmen ist bei diesem nur am Verwendungsort entstandenen und entnommenen Schlamm kein diffuser Eintrag möglich gewesen, der bei kommunalen Klärschlämmen wohl die Hauptursache für das Auftreten von PCDD und PCDF ist. Die chlorierten Dibenzodioxine und Dibenzofurane finden sich erwartungsgemäß auf Grund ihrer Lipophilie zu über 95% im Öl. Kohlerückstand und Reaktionswasser enthalten praktisch keine PCDD oder PCDF.

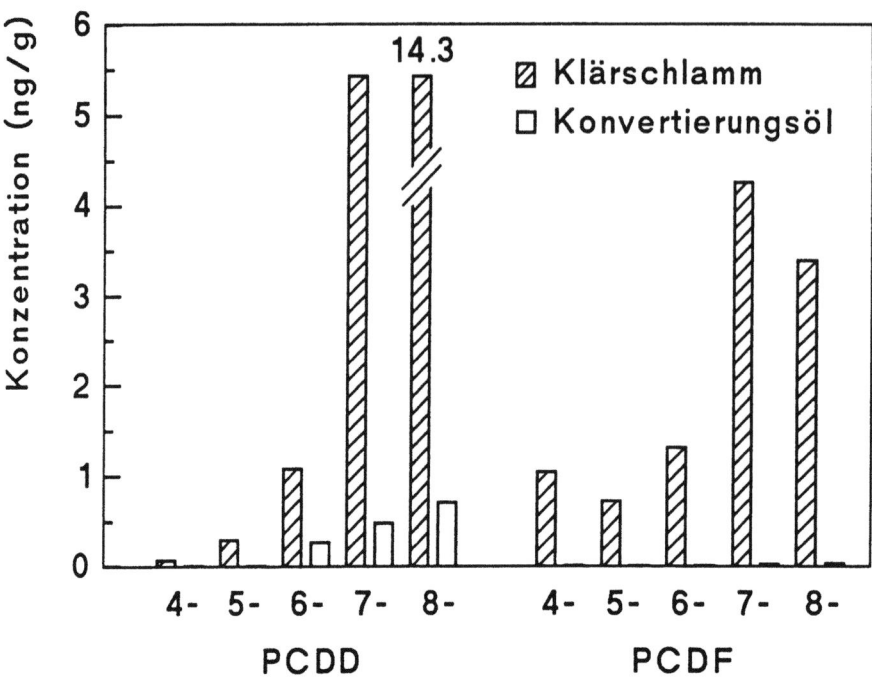

Abb. 12: Vergleich der Gehalte an polychlorierten Dibenzodioxinen und Dibenzofuranen in Klärschlamm und im Öl der NTK

Interessant für eine Neubildung ist der PVC-Schlamm. Da er keine nachweisbaren Anteile an Dioxinen und Furanen enthält, andererseits aber die für eine Dioxinbildung notwendigen Bestandteile Chlor, Kohlenwasserstoff und anorganische Begleitstoffe, wäre hier eine Bildung unter den Bedingungen der Niedertemperaturkonvertierung besonders gut festzustellen. Wie die Ergebnisse in Tab. 2 zeigen, werden im Öl nur geringe Spuren Hepta- und Octachlordibenzodioxine gefunden. Einzelne Kongeneren konnten innerhalb der Nachweisgrenze von 0,05 ng/g nicht festgestellt werden.

Beim Öl aus kommunalem Klärschlamm wird ein deutlicher Abbau der PCDD und PCDF festgestellt. Während der Schlamm noch 0,238 TCDD-Äquivalente (TE nach BGA) aufweist, zeigen die Öle lediglich noch 0,06 Toxizitätsäquivalente. Unter Berücksichtigung der Massenbilanz der Konvertierung mit einer Ölausbeute von 20% aus dem Klärschlamm entspricht dies einem über 90%igen Abbau bei der Niedertemperaturkonvertierung. Wie das Blockdiagramm in Abb. 12 zeigt, tritt bei allen Gruppen der Abbau ein. Dies zeigt, daß bei einer optimalen Reaktionsführung bei der Niedertemperaturkonvertierung die polychlorierten Dibenzodioxine und Dibenzofurane abgebaut werden können. Da die Bedingungen der Niedertemperaturkonvertierung vergleichbar mit den für den Abbau von

PCDD und PCDF in Flugaschen festgestellten Parametern [13, 14] sind, ist dieses Ergebnis nicht verwunderlich.

Die von uns festgestellten Bedingungen für die NTK müssen jedoch streng eingehalten werden. So berichtet Steger [16] nur einen partiellen Abbau bei einer maximalen Konvertierungstemperatur von nur 300 °C, die wesentlich unter der von uns gefundenen optimalen Temperatur von 380–400 °C liegt. Neben der Verweilzeit spielt insgesondere auch der weitgehende Sauerstoffausschluß eine Rolle, der als wichtiger Prozeßparameter ebenfalls bei der Zerstörung von Dioxinen in Flugaschen [14, 15] beschrieben wird.

Versuche zeigen an, daß bei der NTK von Klärschlamm polychlorierte p-Dibenzodioxine und Dibenzofurane abgebaut werden, wenn optimale Bedingungen eingehalten werden. Ein vollständiger Abbau müßte daher erreicht werden, wenn genügend lange Verweilzeiten im Reaktor vorgesehen werden. Bisher wurden die Verweilzeiten nach der Ölausbeute optimiert, die nach 10–30 Minuten bei der maximalen Temperatur von 380–400 °C ihr Maximum erreicht.

Die Versuche zeigen, ähnlich wie bei Flugaschen, daß die Bedingungen der Prozeßführung bei der Niedertemperaturkonvertierung sehr wichtig sind, um einen Abbau der im Klärschlamm enthaltenen PCDD und PCDF zu erreichen. Die Dechlorierung verläuft langsamer als die Entfunktionalisierung der Lipide und Kohlenhydrate, so daß bei stark belasteten Substraten zur Sicherheit neben Sauerstoffausschluß längere Verweilzeiten bis zu 40 Minuten angezeigt sind. Die jeweilige Verweilzeit ist abhängig von der Anlagenkonfiguration und muß daher für jeden Anlagentyp gesondert optimiert werden.

Landwirtschaftliche Biomasse

Da Lipide sehr gute Substrate sind, um hohe Ölausbeuten zu erzielen, eignen sich neben mikrobiologischer Biomasse besonders auch Pflanzen, die hohe Lipidanteile aufweisen. Hierzu gehören alle zur Gewinnung pflanzlicher Öle geeigneten Spezies. Wir haben daher solche landwirtschaftlichen Produkte umgesetzt, z. B. Rapssamen, Euphorbien und Lupinen.

Tabelle 3 zeigt die Ergebnisse für diese pflanzlichen Biomassen. Die Ölausbeute ist sehr groß, bis zu 45% aus Rapssamen. Die Zusammensetzung der Öle ist ähnlich wie bei den aus Klärschlamm erhaltenen Ölen. Hauptkomponenten sind aliphatische Kohlenwasserstoffe und Fettsäuren. Von Interesse war hierbei, ob sich die Einzelschritte der NTK so steuern lassen, daß in der Ölfraktion ein höherer Anteil an Fettsäuren erhalten wird, da ja aus pflanzlichen Ölen gewonnene technische Fettsäuren wichtige Chemierohstoffe sind. Eine Trennung der Fettsäuren und aliphatischen Kohlenwasserstoffe des Öls ist zu bewerkstelligen. Wie

Tab. 3: Ausbeute an Öl, Kohle und relativer Anteil an Fettsäuren in Öl bei NTK verschiedener Pflanzen

Substrat	Ölausbeute %	Kohlenmenge %	% Fettsäuren im Öl
Raps Saat	44.5	22.5	38.3
Lupinus mutabilis	32.48	26.4	35.0
Lupinus albus	24.0	27.64	29.5
Euphorbia Kuchen	15.5	38.55	26.0
Oleifera Schrot	17.13	34.03	26.52
Oleifera Saat	39.25	23.54	41.5
Chinaschilf	7.0	30.7	nicht bestimmt

Tab. 4: Fettsäurezusammensetzung der Fettsäurefraktion im Öl aus Rapssamen im Vergleich zur ursprünglichen Fettsäurezusammensetzung des Samens

	16:0	18:0	18:1	18:2	18:3
Rapssaat vor NTK	5.9	1.6	55.9	25.2	11.1
Öl aus Rapssaat	7.3	3.6	69.4	11.6	1.5

Tab. 3 zeigt, können bis zu 38% des Öls Fettsäuren sein. In Tab. 4 ist die Zusammensetzung der aus verschiedenen Pflanzen durch NTK erhaltenen Fettsäuren angegeben. Die qualitative Zusammensetzung der Fettsäuren entspricht technischen Fettsäuregemischen. Überraschend ist der noch relativ hohe Anteil an ungesättigten Fettsäuren mit einer bzw. zwei Doppelbindungen.

Ein weiteres Hauptprodukt neben Öl ist der Kohlerückstand. Der anorganische Anteil ist im Kohlerückstand der NTK weitaus geringer und toxische Metalle sind nicht nachweisbar. Die Kohle ist im Brennwert vergleichbar mit Steinkohle. Die Kohle ist jedoch wegen ihrer leichten Aktivierbarkeit zur Aktivkohle zu schade für eine Verbrennung. Sie läßt sich durch eine partielle Wassergasreaktion aktivieren und die so gewonnenen Aktivkohlen sind als Adsorbentien sowohl für Gasreinigung als auch zur Wasserreinigung mit den besten gebräuchlichen Aktivkohlen vergleichbar. Tab. 5 zeigt die Kennzahlen solcher durch NTK gewonnenen Aktivkohlen im Vergleich zu handelsüblichen Kohlen. Da gute Aktivkohlen zu Preisen bis zu 4000,- DM/Tonne gehandelt werden, trägt die Kohle wesentlich mehr zu Ökonomie bei als das Öl, für das allenfalls Erlöse bis zu 200,- DM/Tonne erhalten werden könnten. Wegen der zunehmenden Nachfrage zur Rauchgas- und Abwasserreinigung ist diese Aktivkohleroute interessant. Gegenüber Klärschlamm kann daher eine bessere Ökonomie erwartet werden. Auch die Tatsache, daß bei pflanzlicher Biomasse keine Trocknung notwendig ist, trägt zu einer besseren Wirtschaftlichkeit bei. Vor allem beim Vergleich mit der Umsetzung von Ölsaaten zu Biodiesel erscheint die NTK als Alternative zur

Tab. 5: Eigenschaften von Aktivkohlen aus Kohlerückständen verschiedener Biomasse

Ausgangs-material	Aktivierungs-bedingungen (temp., zeit)	Methylen-blauzahl (mg/g)	Adsorption von Jod (mg/g)	Adsorption von Hexan (%)
Rapssaat	900 °C/90 min	95	560	23.3
	850 °C/90 min - HCI behandelt	45	630	17.8
Oleifera Preßkuchen	800 °C/100 min	205	1180	36.5
	- HCI behandelt	230	1480	47.6
Miscanthus (Chinaschilf)	850 °C/90 min	225	985	37.5
	- HCI behandelt	195	1005	39.4
NORIT®	Aktivkohle für Wasserreinigung			
D 10		60	640	21.0
W 35		140	975	34.3

Tab. 6: Abschätzung der Erlöse aus Produkten der Niedertemperaturkonvertierung von je 100 t Rapssaamen im Vergleich zu Erlösen bei Umesterung (Biodiesel)

Produkte	Niedertemperaturkonvertierung	Umesterung zu Biodiesel
technisches Fettsäuregemisch	20 t DM 24 000,-	entsteht nicht
Biodiesel bzw. NTK-Öl	20 t DM 4 000,-	40 t DM 8 000,-
Preßkuchen	entsteht nicht	60 t DM 15 000,-
Aktivkohle	20 t DM 20 000,-	entsteht nicht
Glycerin	entsteht nicht	3 t DM 3 000,-
Summe	DM 48 000,-	DM 26 000,-

Kalkuliert für DM 200,-/t Öl, DM 1200,-/t Fettsäuregemisch, DM 1000,-/t Aktivkohle, DM 250,-/t Preßkuchen, DM 1000,-/t Glycerin.

heute in der Diskussion befindlichen Methylesterroute interessant. Zur Gewinnung der Methylester muß das Öl ausgepreßt werden, wobei ein Preßkuchen verbleibt, dessen Verwendung als Futter nicht unumstritten ist. Danach müssen die Glyceride katalytisch umgeestert werden. Bei der NTK entfallen die Gewinnung des Öls und die katalytische Umesterung. Durch einfache thermische Behandlung wird Öl gebildet. Als Rückstand verbleibt mit der Kohle ein Wertstoff, der nun Hauptträger der Wirtschaftlichkeit ist. Da das Öl der NTK nach Destillation die Zusammensetzung eines mittleren Dieselöls zeigt, ist es mindestens ebenso gut als Kraftstoff für Motoren verwertbar wie die Fettsäuremethylester. Unter der Annahme, daß die Investitionskosten vergleichbar mit denen für eine katalytische Umesterung sind, sind in Tab. 6 die Daten für die möglichen Erlöse bei der NTK und der Methylesterroute für Raps grob abgeschätzt. Die hieraus errechnete bessere Ökonomie regt eine genauere praktische Erprobung an.

Tab. 7: Energiebilanz der Trocknung und Konvertierung von Klärschlamm zu Öl und Kohle, berechnet für 1 kg Trockenschlamm (maximal 10% Wassergehalt)

	Klärschlamm nach Zentrifuge (25% T.S.)	Klärschlamm nach Kammerfilterpresse (40% T.S.)	Trockenschlamm (90% T.S.)
Menge Ausgangsschlamm	3.6 kg	2.25 kg	1.0 kg
zu verdampfende Wassermenge	2.6 l	1.25 l	-
Aufheizungsenergie Schlamm von 20°C auf 100°C	969.5 KJ	418.0 KJ	100.0 KJ
Verdampfungswärme Wasser	5.850 MJ	2.810 MJ	-
Nettowärmebedarf Wasserverdampfung	6.819 MJ	3.228 MJ	-
Aufheizung trockener Schlamm von 100°C–300°C (Konvertierung)	250 KJ	250 KJ	250 KJ
Praktischer Wärmebedarf	10.65 MJ	5.25 MJ	0.5 MJ
Rückgewinnung von 50% Verdampfungswärme H$_2$O	2.92 MJ	1.4 MJ	-
Heizwert des Öls aus 1 kg Trockenschlamm	10 MJ	10 MJ	10 MJ
Heizwert der Kohle aus 1 kg Trockenschlamm	8 MJ	8 MJ	8 MJ
Praktische Energiebilanz	+10.27 MJ	+14.15 MJ	+17.5 MJ
Energiebilanz ohne Kohle	2.27 MJ	6.15 MJ	9.5 MJ

Bisher wurde von uns die NTK von landwirtschaftlichen Produkten und Abfällen bis in den Bereich von 30 kg/Stunde vorangetrieben. Hierbei wurde gezeigt, daß sich die Biomasse genau so gut wie Klärschlamm umsetzen läßt. Für Klärschlamm sind schon Umsetzungen im Pilotmaßstab bis zu 400 kg/Stunde ausgeführt worden, und diese Anlagen, die im nächsten Abschnitt beschrieben werden, sind prinzipiell auch für pflanzliche Biomasse geeignet. Daher kann man erwarten, daß diese Techniken bei landwirtschaftlicher Biomasse angewandt werden können. Die mit Klärschlamm gesammelte reiche Erfahrung ist daher auch nutzbar für landwirtschaftliche Substrate. Während bei Klärschlamm sowohl Wirtschaftlichkeit als auch Energiebilanz darunter leiden, daß nach der mechanischen Entwässerung durch Filterpressen oder Zentrifugen noch 60–70% Wasser vorhanden sind, ist dies nicht relevant für Substrate wie Rapssamen. Es ist hier nicht notwendig, die Energie- und Investitionskosten für eine thermische Trocknung aufzuwenden, da der Trockensubstanzanteil schon nach Lufttrocknung bei 80–90% liegt.

In Tab. 7 ist die Energiebilanz für die Trocknung und Konvertierung von Klärschlamm mit verschiedenen Wassergehalten wiedergegeben. Daraus wird der hohe Energieaufwand für die Trocknung deutlich. Wenn keine Trocknung notwendig ist, werden einmal die Investitionskosten für die Trockner erspart und die Energiebilanz verbessert sich dramatisch, wie dies hypothetisch in der letzten Spalte der Tab. 7 aufgezeigt wird.

Neben Ölsaaten wurde auch kohlehydratreiche pflanzliche Biomasse mit der NTK umgesetzt, wie z. B. Schilfgras, Holz u. a. Öl entsteht hierbei in geringer Ausbeute und ist zudem zähflüssig und von geringerem Brennwert. Die Kohlefraktion ist jedoch prinzipiell immer zu Aktivkohle guter Qualität aktivierbar.

Andere Substrate und technische Ausgestaltung

Auch andere Substrate wie funktionalisierte Kunststoffe können mit der NTK zu Ölen umgesetzt werden [17-19]. So läßt sich aus PVC das Chlor als Salzsäure abspalten. Es entsteht ein Öl, das nun aber Aromaten enthält. Je nach den Bedingungen der NTK und der Beimengung anderer Substrate kann die Zusammensetzung variiert werden [17]. Bei den relativ tiefen Temperaturen der NTK laufen noch Reaktionen selektiver ab, so daß dieses Verfahren auch beim Kunststoff-Recycling eine Alternative ist. Aus Polystyrol kann ein Monomergemisch mit höheren Styrolgehalten als bei der technischen Darstellung von Styrol gewonnen werden [19].

Abb. 13: Ofen mit Transportband zur Niedertemperturkonvertierung nach Stenau [23]

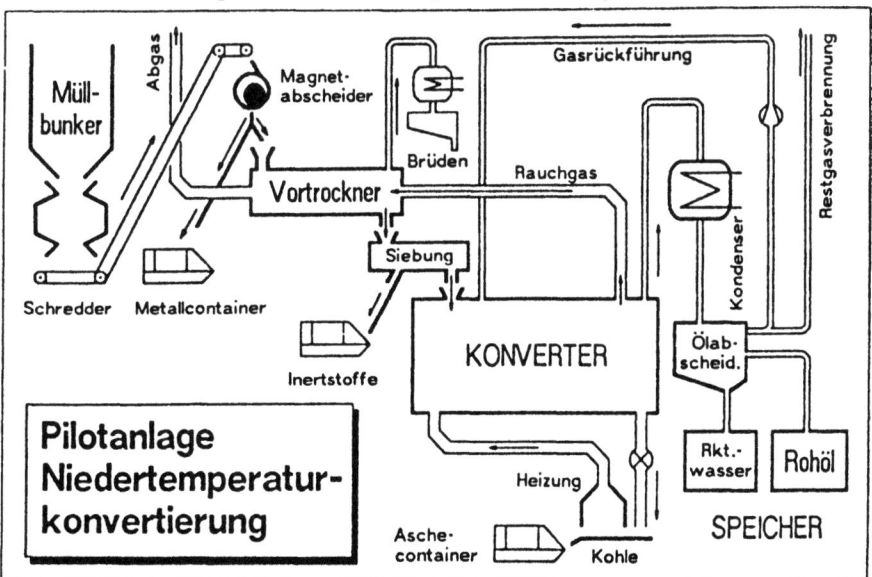

Für die Pilotversuche im Bereich bis zu 0,4 t/Stunde wurden verschiedene technische Anlagen entwickelt. So können die verschiedensten Drehrohröfen verwendet werden, mit denen Luftausschluß und der notwendige Temperaturbereich von 280–400 °C erreicht werden. Abb. 7 zeigt den von uns gebauten Drehrohrofen. Campbell und Bridle [20–22] haben einen Drehrohrofen zur Umsetzung von Klärschlamm im Pilotmaßstab bis zu 80 kg/Stunde erfolgreich betrieben.

Eine andere Anlage, die speziell auch für relativ inhomogene Ausgangsmaterialien wie z. B. Müll oder Kunststoffe konstruiert wurde, ist der von Stenau [23] gebaute Ofen mit Transportband (Abb. 13). Im Prinzip ist auch ein Wirbelschichtreaktor geeignet.

Schlußbemerkung

Die Konvertierung von mikrobieller oder landwirtschaftlicher Biomasse, von Klärschlamm, Müll und Kunststoffen im Bereich von 280–420 °C ist eine Alternative zur Gewinnung von Energie und Wertstoffen wie Öl und Kohle. Die vielfältigen Anwendungsmöglichkeiten sollten zur Weiterausgestaltung und für eine Entsorgung unter dem Gesichtspunkt des Recycling anregen. Von den anfänglich nur analytischen Mengen wurden die Experimente in den Labormaßstab und dann in den Pilotmaßstab ausgedehnt. Es ist nun Aufgabe der Technik, das Verfahren in Demonstrationsanlagen umzusetzen. Wenn dieser letzte Schritt des Transfers keine unlösbaren Schwierigkeiten bereitet, kann die NTK sicher zur Lösung mancher Abfallprobleme beitragen. Auch wenn die Preise des fossilen Energieträgers Erdöl gegenwärtig vom Standpunkt der Energiegewinnung allein keine Wirtschaftlichkeit erwarten lassen, ist die NTK von Abfällen oder landwirtschaftlichen Produkten eine regenerative Energiequelle, die in idealer Weise Rohstoffsicherung, Energiegewinnung und Umweltschutz verbindet.

Literatur

[1] B. P. Tissot u. D. H. Welte, Petroleum Formation and Occurrence. Springer-Verlag Heidelberg, 1978.
[2] F. M. Swain, Proc. Interntl. Meet. Humic Substances, Nieuwerslais Padoc, Wageningen 1972, S. 337.
[3] E. Bayer, K. Albert, W. Bergmann, K. Jahns, W. Eisener u. H.-K. Peters, Angew. Chem. 96, 151 (1984).
[4] Lit. [1], zit. S. 97ff.
[5] A. Treibs, Liebigs Ann. Chem. 510, 42 (1934).
[6] H. Sinn, siehe Vortrag in diesem Band.
[7] E. Bayer u. M. Kutubuddin, Bild der Wissenschaft 9, 68 (1981).
[8] E. Bayer u. M. Kutubuddiin, Korrespondenz-Abwasser 29, 377 (1982)
[9] E. Bayer u. M. Kutubuddin in K. J. Thome-Kozmiensky, Recycling International, Berlin 1982, S. 337.
[10] E. Bayer u. M. Kutubuddin, Jahrbuch Waserversorgungs- und Abwassertechnik, Vulkan-Verlag Essen, 1985/86, S. 563.
[11] E. Bayer u. M. Kutubuddin in A. V. Bridgewater u. J. C. Kuester, Research in Thermochemical Biomass Conversion, Elsevier London, New York 1988, S. 518ff.
[12] E. Bayer u. M. Kutubuddin in Umwelt 94, Jahrbuch für Umwelttechnik und ökologische Modernisierung, Media-Partner-Verlagsagentur Gütersloh 1994, S. 152ff.
[13] H. Hagenmaier, Umweltforschungsplan des Bundesministers für Umwelt, Naturschutz und Reaktorsicherheit, Forschungsbericht 103 03 532, Dezember 1990.
[14] H. Hagenmaier, M. Kraft, H. Brunner u. R. Haag, Environ. Sci. Technol. 21, 1085 (1987).
[15] L. Stieglitz u. H. Vogg, Chemosphere 16, 1917 (1987).
[16] M. Th. Steger, Wat. Sci. Techn. 26, 2261 (1990).
[17] M. Kutubuddin u. E. Bayer, Proceedings der Fachtagung „Umwelt in der Lackiertechnik", Düsseldorf, November 1990, S. 264.
[18] E. Bayer, G. Becker, M. Faubel, A. Maurer, Umweltwiss. u. Schadstoff-Forschung im Druck.
[19] E. Bayer, C. Deyle, A. Haag u. M. Kutubuddin in Umwelt 95, Jahrbuch für Umwelttechnik und ökologische Modernisierung, Media-Partner-Verlagsagentur, Gütersloh, im Druck.
[20] T. R. Bridle, Environmental Technol. Lett. 3, 151 (1982).
[21] T. R. Bridle u. C. K. Hertle, Water 1988, 32.
[22] H. W. Campbell u. T. R. Bridle, Proceedings of the Conference on „New Directions und Research in Waste Treatment and Residual Management, Vancouver, B. C. Canada, June 1985.
[23] Fa. Stenau, Ahaus, Westfalen, Firmenschrift.

Diskussion

Herr Jaenicke: Ich wundere mich, daß bei Ihrer Analyse der Kohlenwasserstoffe sämtliche Kohlenwasserstoffe, geradzahlige und ungeradzahlige, fast die gleiche Ausbeute bis hinauf zu soundso viel Längen haben. Ist das mit dem Mechanismus des Entstehens aus den Aminosäuren gut erklärbar?

Herr Bayer: Die unverzweigten Kohlenwasserstoffe werden aus Lipiden gebildet und der vorgeschlagene Mechanismus (Abb. 10) erklärt deren Entstehung in vergleichbaren Mengen. Verzweigte Kohlenwasserstoffe entstehen im wesentlichen wohl aus Proteinen und finden sich in wesentlich geringeren Mengen.

Herr Jaenicke: Wie sieht das denn aus, wenn Sie Polyleucin in Ihr System hineingebracht haben?

Herr Bayer: Bei der Niedertemperaturkonvertierung von Homopolyaminosäuren konnten die im vorgeschlagenen Mechanismus (Abb. 11) postulierten ungesättigten Carbonsäuren, die durch Decarboxylierung entstandenen Olefine sowie Oligomere der Olefine nachgewiesen werden.

Herr Hornbogen: Sie haben Verbundwerkstoffe mit Polymermatrix als leicht abbaubar erwähnt. Können Sie dazu vielleicht etwas Genaueres sagen? Was ist da an weiteren Komponenten und Fasern drin?

Herr Bayer: Bei Verbundwerkstoffen sind oft zur Verstärkung Glasfasern enthalten. Außerdem gibt es viele Verbundwerkstoffe mit Metallen.

Herr Menges: Können Sie noch etwas zu der Art der Anlage sagen, die Sie in der Pilotanlage verwenden?

Herr Bayer: Es handelt sich um Drehrohröfen und Öfen mit Transportband. Aber auch andere technische Ausgestaltungen sind möglich.

Herr Sahm: Als Mikrobiologe kann ich Ihnen nicht zustimmen, wenn Sie sagen, daß die anaeroben Mikroorganismen nicht effizient und nicht leistungsfähig sind.

Die anaeroben Mikroorganismen sind, wenn es um den Abbau von Kohlenhydraten, Proteinen oder Lipiden geht, sehr effizient. Wenn unter anaeroben Bedingungen diese Verbindungen abgebaut werden, entsteht Biogas, eine Mischung aus Methan und CO_2. Das heißt, die Organismen reduzieren einen Teil der Substrate zu Methan, und der andere Teil wird zu CO_2 oxidiert. Wenn man die Energiebilanz betrachtet, so sind etwa 90 bis 95 Prozent der Energie des Substrates nach der Umsetzung im Methan enthalten.

Herr Bayer: Beim anaeroben Abbau in den Faultürmen der Klärwerke wird nur etwa die Hälfte der organischen Biomasse zu Methan und CO_2 umgewandelt, die andere Hälfte bleibt zurück. Bei der Niedertemperaturkonvertierung wird die gesamte Biomasse zu 90% in Öl und Kohle verwandelt. Insofern ist die Energiebilanz günstiger.

Herr Sahm: Ich habe noch eine konkrete Frage. Sie haben uns gezeigt, daß Sie in den Öltröpfchen neben den Alkanen auch Steroide als Produkte finden. Das überrascht mich, denn die Bakterien haben normalerweise keine Steroide wie die höheren Zellen, sondern Hopanoide. Herr Ourisson hat in den Ölfraktionen z. T. große Mengen an Hopanoiden nachgewiesen. Haben Sie keine Hopanoide, sondern nur Steroide gefunden?

Herr Bayer: Die Steroide kommen meiner Meinung nach mit dem Abwasser ins Klärwerk, werden dort nicht abgebaut und am Klärschlamm adsorbiert. Mit 0,03% im Öl ist ihr Anteil gering. Von Hopanoiden abgeleitete Verbindungen haben wir nicht gefunden.

Herr Sahm: Aber fünfzig Prozent der Bakterien enthalten in ihren Zellwänden Hopanoide.

Herr Bayer: Sicher sind von den Hopanoiden abgeleitete Strukturen keine Hauptkomponenten in unseren Ölen. Sie können nur in geringen Mengen anwesend sein. Die Öle sind wie Erdöl komplex zusammengesetzt und wir haben nicht alle in kleineren Anteilen vorkommenden Inhaltsstoffe identifiziert. Man müßte untersuchen, was aus Hopanoiden bei der NTK entsteht. Dies war aber keine Problemstellung, die uns interessierte.

Herr Appel: Ich kenne die Pyrolyse des Ölschiefers der Grube Messel, die ja während des Krieges und in den ersten Jahren danach auch industriell betrieben wurde und wo ich selbst sehr große Mengen Paraffin gezogen habe. Dabei fällt das Paraffin in sehr hoher Konzentration an. Meine Frage: Woran liegt das? Wurden

Diskussion 33

seinerzeit sehr viel höhere Temperaturen angewendet? Oder ist die Zusammensetzung des Ölschiefers dort wesentlich anders?

Herr Bayer: Den Ölschiefer aus Dotternhausen haben wir durch Extraktion von den Paraffinen befreit, um einen katalytischen Einfluß beim Abbau von Biomasse festzustellen.

Herr Schreyer: Sie haben als wichtige Katalysatoren für Ihre Prozesse die Montmorillonite genannt. Nun sind das ja anorganische Substanzen, Schichtsilikate, die auch in der Natur vorkommen und sicherlich auch bei der Erdölbildung zugegen sind. Wissen Sie etwas über den Mechanismus dieser Katalyse?

Herr Bayer: Wir nehmen an, daß ein bei der Pyrolyse von Lipiden günstiger planarer Übergangszustand durch die Schichtsilikate bewirkt wird.

Herr Schreyer: Der Montmorillonit entwässert vielleicht auch.

Herr Bayer: Bei Lipiden dürfte dies weniger wichtig sein, möglicherweise aber bei anderen Substanzklassen.

Herr Baerns: Ich möchte gern an die Frage zur Katalyse anschließen. Sie haben ausgeführt, daß die Dioxine katalytisch abgebaut werden. Was dient hierbei als Katalysator und wie verläuft die Katalyse?

Herr Bayer: Günstig für die Zerstörung von Dioxinen sind auch Spuren von Kupfer. Man muß allerdings streng unter Sauerstoffausschluß arbeiten.

Herr Baerns: Könnten Sie noch etwas über den Katalysator sagen?

Herr Bayer: Mit Nickel und Kupfer dotierte Silikate sind sehr wirksame Katalysatoren.

Herr Wilke: Wenn man sich die Reihe der Alkane anschaut, könnte man auf die Idee kommen, daß die Folgeschritte einer Fischer-Tropsch-Synthese dahinterstecken, das heißt, bei Fischer-Tropsch reagieren CO und Wasserstoff auf der Oberfläche des Katalysators unter Bildung von Carbenen, die polymerisieren und die Kohlenwasserstoffe ergeben. So etwas könnte man sich auch hier vorstellen.

Herr Bayer: Wir konnten nie Wasserstoff nachweisen, so daß ein Fischer-Tropsch-analoger Mechanismus wenig wahrscheinlich ist. Letzten Endes handelt es sich um eine Eliminierung unter Beibehaltung von C-C-Bindungen und nicht um einen Aufbau von C-C-Bindungen.

Herr Menges: Sie sagten vorhin mit Recht, daß Sie erstaunt waren, daß Polystyrol unter den Bedingungen auch abgebaut wurde. Haben Sie dafür eine Erklärung?

Herr Bayer: Die mit hohen Ausbeuten festgestellte Überführung in das Monomer bei relativ mäßigen Temperaturen ist für uns unerwartet gewesen. Wir haben keine mechanistischen Untersuchungen durchgeführt.

Wertstoff- und Energie-Rückgewinnung aus hochkalorigen Abfallstoffen wie Altreifen und Kunststoff-Schrott

Von Hansjörg Sinn, Hamburg

Es ist mir eine hohe Ehre, vor der Rheinisch-Westfälischen Akademie der Wissenschaften über „Möglichkeiten und Grenzen der Pyrolyse zur Wertstoffrückgewinnung" sprechen zu dürfen. Ich bin zugleich hocherfreut, daß eine so bedeutende Akademie sich einem so profanen Thema zuwendet und damit verdeutlicht, daß gerade für die Akademien der dienende Charakter von Wissenschaft große Bedeutung hat.

Nach einigen orientierenden eigenen Arbeiten über die Pyrolyse von Kunststoffabfällen, mit Perkow[1] in einer Salzschmelze und mit Menzel[2] in einer Wirbelschicht im Labormaßstab, konnte ich an einer „facts finding mission" des BMFT nach Japan teilnehmen. Über diese Exkursion wurde 1974 berichtet.[3] Auch heute möchte ich die ungewöhnliche Gastfreundschaft und die Offenheit des Gedankenaustausches, die bis heute fortwirkt, dankbar erwähnen.

Die Anlagen, die uns (wie beschrieben) in Japan sehr beeindruckt haben, waren
- die sog. „Cobe Test Unit", ein Drehtrommelreaktor für die Pyrolyse von Altreifen, der vor allem durch seine Sauberkeit bestochen hat,
- die Anlage in Kusatsu, eine Schweltrommel für die Zersetzung von aus Hausmüll aussortiertem Plastikmaterial, besonders Polyolefine vermengt mit Polyvinylchlorid, die in bemerkenswerter Weise den Enthalogenierungsschritt in einer mikrowellenbeheizten Vorstufe von der eigentlichen, indirekt mit Flammgasen beheizten Pyrolysestufe trennte,
- der JFC-Prozeß (Japan Gasoline Company Fluid Cracking Process), bei dem die Pyrolyse im Wirbelbett mit Energiezufuhr durch partielle Verbrennung ablief oder vielleicht auch noch mit 5 t/Tag bei Yacult in Yogo abläuft.[4]

Während die Verbrennung das organische Material als „C_1-*Baustein Kohlendioxid*" wieder für die Assimilation (Synthese) zur Verfügung stellt, wird bei der

---

[1] J. Menzel, H. Perkow, H. Sinn, Chem. and Ind., London, [1973] 570.
[2] J. Menzel, Dissertation Universität Hamburg [1974], vgl. Synopse 111, Chem. Ing. Techn. 46, 607 [1974] sowie Mikrofiche MS 111/74.
[3] H. Sinn, Chem. Ing. Techn. 46 [1974], 578–89.
[4] Japan Gasoline, Agency of Industrial Science and Technology's Hokkaido Industrial Development Lab.

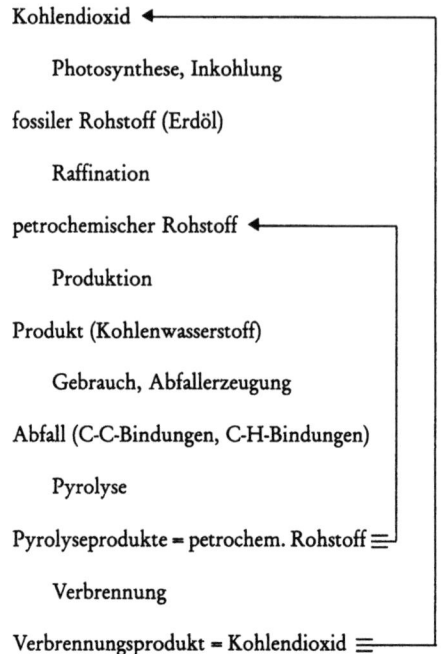

Abb. 1: Kette „Kohlendioxid–Rohstoff–Produkt–Abfall"

Pyrolyse der Versuch gemacht, Kohlenwasserstoffe durch Hitzeeinwirkung zu zerbrechen und *„Kohlenwasserstoffbausteine"* zur Verfügung zu stellen.

Innerhalb der Kette „Kohlendioxid–Rohstoff–Produkt–Abfall" (Abb. 1) führt die Pyrolyse des C-C- und C-H-Bindungen enthaltenden Abfalls wieder zum petrochemischen Rohstoff „Kohlenwasserstoff" als Synthesebaustein zurück, während die Verbrennung zum Grundbaustein der Photosynthese zurückführt.

Die gezeigte Abfolge vermittelt den zutreffenden Umstand, daß bei einer Verbrennung regelmäßig eine Pyrolyse vorausgeht oder integriert ist und daß Pyrolyseprodukte immer auch verbrannt werden können, und dann natürlich Kohlendioxid erzeugen.

Es ist ferner ganz selbstverständlich, daß für Pyrolyseprozesse nur organisches, also C-C- und C-H-Bindungen enthaltendes Material als Edukt geeignet ist und daß der Erhalt dieser im Abfall noch vorhandenen C-H-Bindungen der eigentliche ökologische Sinn der Pyrolyse, mit dem Ziel der Rohstoffrückgewinnung, ist. Ob dies ökonomisch sinnvoll ist, hängt von der Marktsituation ab und diese ist natürlich ganz unterschiedlich, je nachdem ob und wie ökologische Aspekte in die Produktbewertung eingehen.

Wertstoff- und Energie-Rückgewinnung

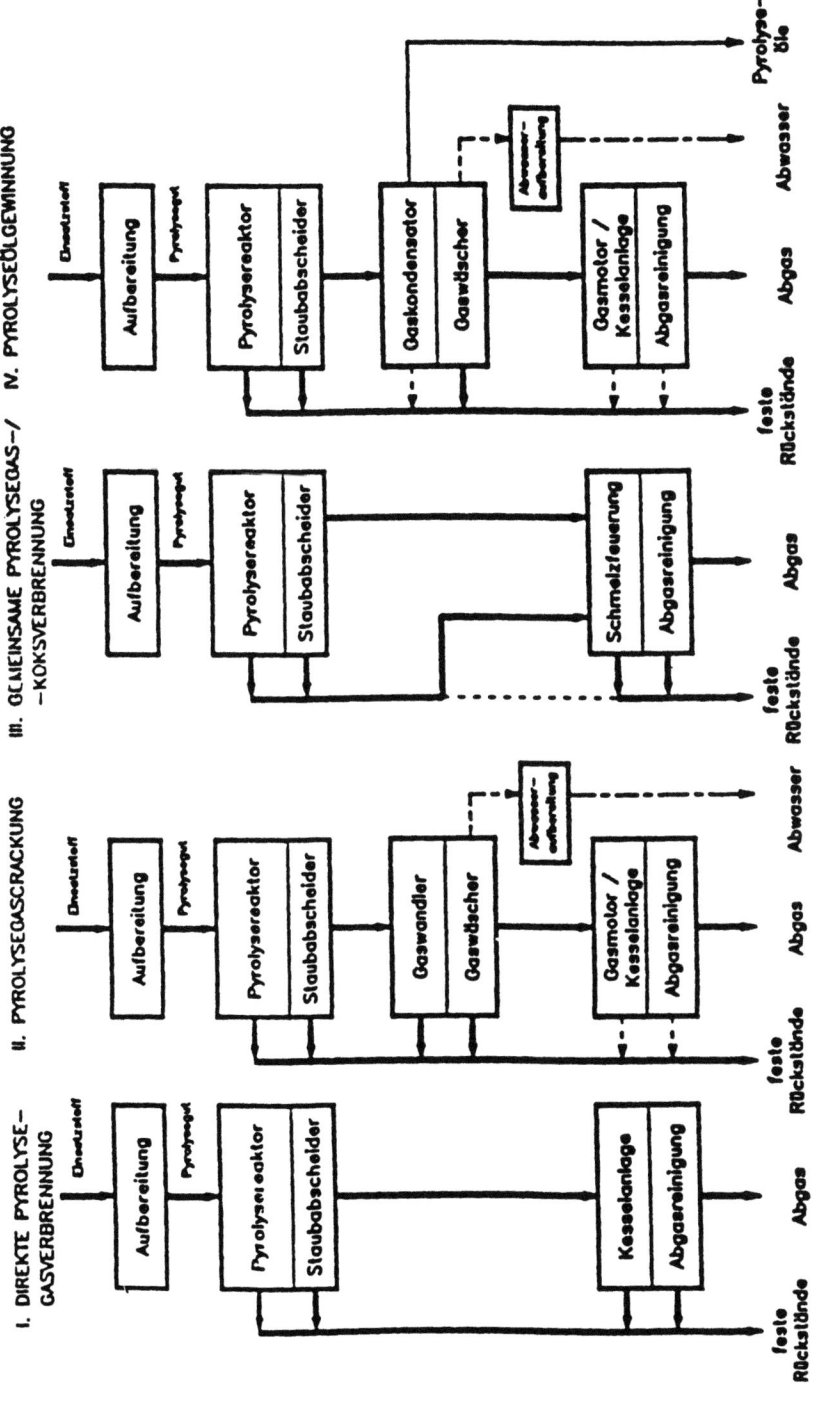

Abb. 2: Systematischer Aufbau der Pyrolysevarianten; ——: Feststoff- und Gaspfad; — — —: Wasserpfad. Quelle: Bischofsberger und Born (s. Fußnote 6)

Über den Stand der pyrolytischen Verfahren ist kürzlich zusammenfassend referiert worden;[5, 6] diese Monographien referieren mehrere hundert Arbeiten.

In der sehr hilfreichen und umfassenden, materialreichen Vergleichsuntersuchung von Bischofsberger[6] sind die bekannt gewordenen Pyrolyseverfahren vier Grundstrukturen zugeordnet (vgl. Abb. 2).

Ich folge den Ausführungen von Bischofsberger: „Alle vier Grundstrukturen beinhalten die Aufbereitung des Einsatzstoffes, die Pyrolysegaserzeugung und -nutzung sowie die Deponierung der anfallenden festen Rückstände. Diese Systematik faßt die unterschiedlichen firmenspezifischen Ausführungsformen nach gemeinsamen Kennzeichen zusammen und erleichtert so die abfalltechnische Beurteilung der Pyrolyse.

I Pyrolyseverfahren mit einer direkten Verbrennung des erzeugten Pyrolysegases, zum Beispiel Babcock-Verfahren und Krupp-Polysius Verfahren.

II Pyrolyseverfahren mit einer Aufbereitung des Pyrolysegases und Einsatz des gewonnenen Pyrolyse*reingases* als Betriebsstoff für Gasmotoren oder Verbrennung in einer Kesselanlage, zum Beispiel KWU-Reingasvariante, PKA-Verfahren.

III Pyrolyseverfahren mit einer gemeinsamen Pyrolysegas- und Pyrolysekoksverbrennung, zum Beispiel KWU-Schwelbrennverfahren.

IV Pyrolyseverfahren mit einer Kondensation des Pyrolysegases zur Gewinnung von Pyrolyseölen, zum Beispiel BBC-Kunststoffpyrolyse, Energas-Verfahren, MVU-Rotopyr-Verfahren, Noell-Müllpyrolyse."

Es ist offensichtlich, daß nur Verfahren der Gruppe IV zur Wertstoffgewinnung geeignet sind. Als Verfahren zur Abfallbeseitigung sollte aber der Wert der Verfahrensgruppen I bis III nicht unterschätzt werden. Bei dem heutigen Referat will ich mich aber auf die Wertstoffgewinnung beschränken. Die vorstehend unter IV erwähnte BBC-Kunststoffpyrolyse ist auf der Basis des „Hamburger-Verfahrens" zunächst von der DRP (Deutsche Reifenpyrolyse, Eckelmann) errichtet worden und wurde dann an BBC (jetzt ABB) übertragen und von ABB betrieben.

Die eingangs erwähnten japanischen Verfahren von Cobe-Steel zur Pyrolyse von Altreifen und in Kusatsu zur Pyrolyse von aussortiertem Plastikabfall arbeiteten mit Verweilzeiten im Pyrolysereaktor von etwa einer halben Stunde. Es wurden brennwertreiche Öle erhalten; allerdings wurde über Verharzungstendenzen geklagt.

Weitere, der Gruppe IV zuzuordnende Verfahren gehen von energiereichen Ausgangsverbindungen wie beispielsweise Kunststoffmüll, Altreifen u. ä. aus und

---

[5] LWA-Materialien 2/89, Aktueller Stand der Pyrolyse von Siedlungsabfällen.
[6] W. Bischofsberger, R. Born; Verfahrens und umwelttechnische Analyse neuer thermischer Prozesse in der Abfallwirtschaft, Phase 1: Pyrolyse; Berichte aus Wassergütewirtschaft und Gesundheitsingenieurwesen Nr. 89, TUM 1989 (München).

haben nicht nur die Beseitigung, sondern die Wertstoffgewinnung zum Ziel. Sie sind, wie Abb. 2 anschaulich macht, durch einen umfangreicheren Produktgewinnungsteil gekennzeichnet. Als eigentlicher Pyrolysereaktor ist meist der Drehtrommelreaktor gewählt worden.

Über die von VEBA ÖL AG betriebene Pilotanlage mit einem Drehtrommelreaktor von 0,8 m Durchmesser und 7 m Länge ist kürzlich berichtet worden.[7]

Lediglich das schon erwähnte Verfahren der Japan Gasoline (JFC-Prozeß) und das sogenannte „Hamburger-Pyrolyseverfahren" haben als Pyrolysereaktor eine Wirbelschicht.

Verständlicherweise möchte ich auf dieses Verfahren später noch etwas näher eingehen.

Für die Drehtrommelreaktoren benutzenden Verfahren sei beispielhaft das in Salzgitter geübte Verfahren der Noell-Müllpyrolyse skizziert:

Als Einsatzgüter sind
    Kunststoffe aus Hausmüll,
    Kunststoffabfälle,
    Autoshredderabfall,
    Fette, Wachse, Lacke,
    ölhaltige Betriebsmittel,
    Altreifen
vorgesehen.

Das Pyrolysegut (6 t/h) durchläuft eine indirekt beheizte Drehtrommel (Heizkammern im Doppelmantel) von 28 m Länge und 2,8 m Durchmesser. Pyrolysekoks wird ausgetragen, Pyrolysegas geht in die Gasbehandlungsstrecke. In der ersten und zweiten Kühlstufe wird Wasser eingedüst; dabei werden die Öldämpfe verflüssigt und Staub mit dem Wasser niedergeschlagen. Das Öl wird in Dekantern abgetrennt. Die abgefilterten Feststoffe durchlaufen den Pyrolyseprozeß erneut. Nach der Ölabscheidung aus dem Gas geht letzteres in eine mehrstufige alkalische Gaswäsche. Nach Abscheidung niedrigsiedender Gasbestandteile durch Kältemittel-Kühlstufe wird das verbleibende Gas bei 1200 °C unter Dampferzeugung verbrannt. Einen Eindruck über die Produktzusammensetzung in Abhängigkeit vom Einsatzgut vermittelt die Tabelle 1. Ganz ähnliche Ergebnisse liefert auch die vorerwähnte Anlage von VEBA ÖL AG.

Während sich in einer Drehtrommel als Pyrolysereaktor in dem im Reaktor befindlichen Gut ortsspezifische Temperatur- und Konzentrationsgradienten aufbauen, ist ein Wirbelschichtreaktor zumindest in erster Näherung ein gradientenfreier Reaktor, in dem durch Variation der Reaktionsparameter die Zusammensetzung der Produkte beeinflußt werden kann (vgl. Abb. 3). Diese Überlegung

---

[7] H. P. Wenning, J. Anal. Appl. Pyrolysis 25 [1993] 301–310.

Tabelle 1: Übersicht über vorläufige Versuchsergebnisse der Pyrolyseanlage in Salzgitter aus dem Jahre 1987

Versuchstag Müllart	14. 4. 87	25. 6. 87	26. 6. 87	20. 8. 87	27. 8. 87
		Abfallgemisch* + Säureharz	Abfallgemisch* + Pyrolyseöl	Kunststoff aus Hausmüll	Altreifen
Input (kg/h) wasserfrei:	833	1671 +111	1519 +344	1510	2060
Pyrolyserückstand (kg/h) wasserfrei:	521	1140	1269	332	388
Gew.-% bezogen auf wasserfreien Input:	62,5	64,0	68,1	22,0	18,8
Pyrolyseöle Vorkühler+Quenscher (kg/h) wasserfrei:	177	175	249	806	1281
Gew.-% bezogen auf wasserfreien Input:	21,2	9,8	13,4	53,4	62,2
„BTX"-Öl (kg/h) ausgelitert:	1	65	101	44	78
Gew.-% bezogen auf wasserfreien Input:	0,1	3,6	5,4	2,9	3,8
Pyrolyseeingas (m³/h i. N. trocken):	78	337	313	274	392
(m³/kg) bezogen auf wasserfreien Input:	0,09	0,19	0,17	0,18	0,19
Pyrolysetemperatur (°C):	649	647	646	650	650

* Abfallgemisch ist ein inhomogenes Gemisch aus Shredderabfall, Kunststoffen, Altkabel, Filterrückständen und Stäuben.
Quelle: BISCHOFSBERGER und BORN, 1989

und entsprechende Beobachtungen waren maßgebend für die Entwicklung des sog. „Hamburger-Verfahrens".

Im Gegensatz zu dem Japan Gasoline Company Fluid Cracking Process, bei dem mit Heizgas (aus Öl und Luft) und Zusatzluft durch partielle Verbrennung die Spaltenergie zugeführt wird, wählten wir eine indirekte Beheizung. Für den Laborreaktor war dies zunächst technisch begründet, weil eine elektrische Heizung sehr einfach zu realisieren war. Beim Studium der japanischen Erfahrungen, besonders der Anlage in Kusatsu, kamen wir aber zu dem Ergebnis, daß nur durch indirekte Beheizung und Ausschluß von Sauerstoff in der Pyrolysezone die Anoxidation der Produkte vermieden werden kann. Für die indirekte Beheizung

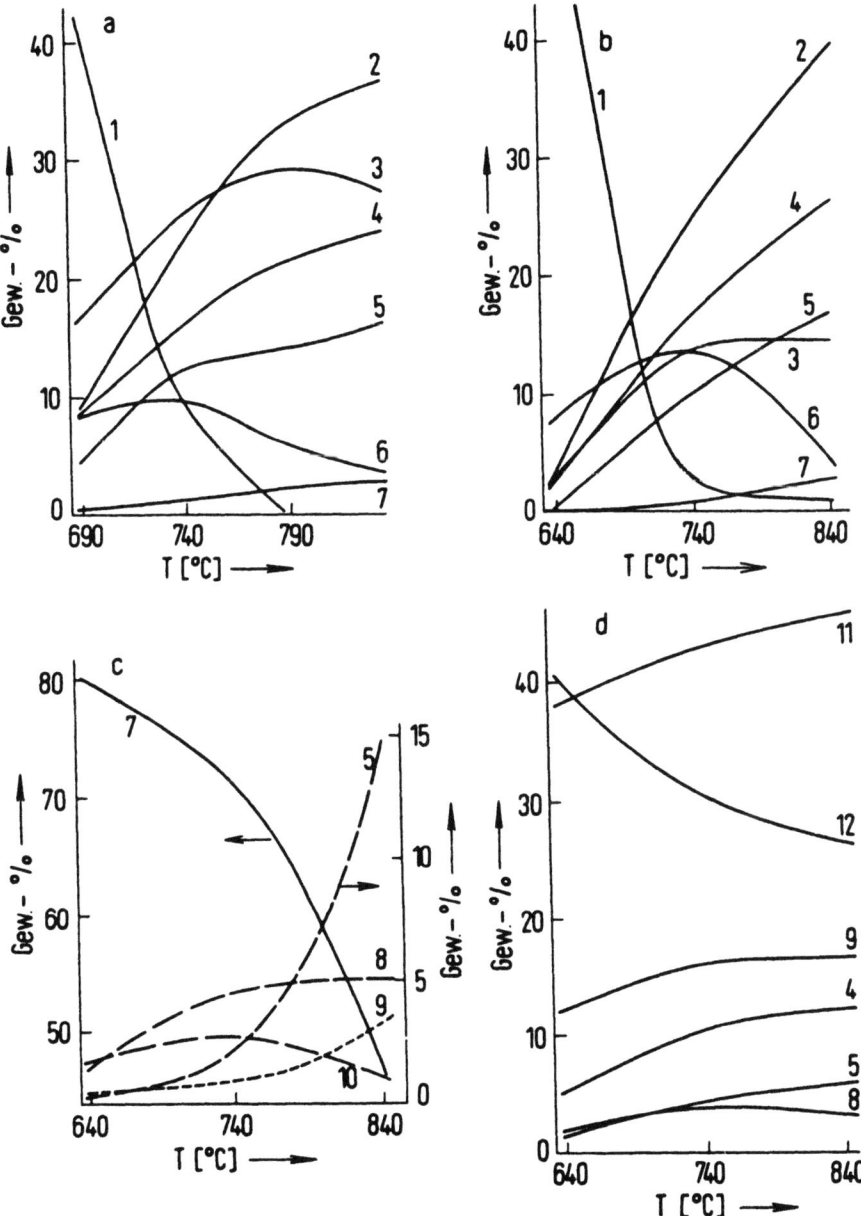

Abb. 3: Produktzusammensetzung bei der Wirbelschichtpyrolyse als Funktion der Temperatur bei unterschiedlichem Einsatzgut:
a) Polyethen, b) Polypropen, c) Polystyrol, d) Altreifen. 1: $\sum$ Aliphaten $\geq C_9$, 2: $\sum$ Aromaten, 3: Ethen, 4: Methan, 5: Benzol, 6: Propen, 7: Styrol, 8: Toluol, 9: $\sum$ Gase H_2, C_1 bis C_4, 10: α-Methylstyrol, 11: Kohlenstoff, 12: $\sum$ Pyrolyseöl

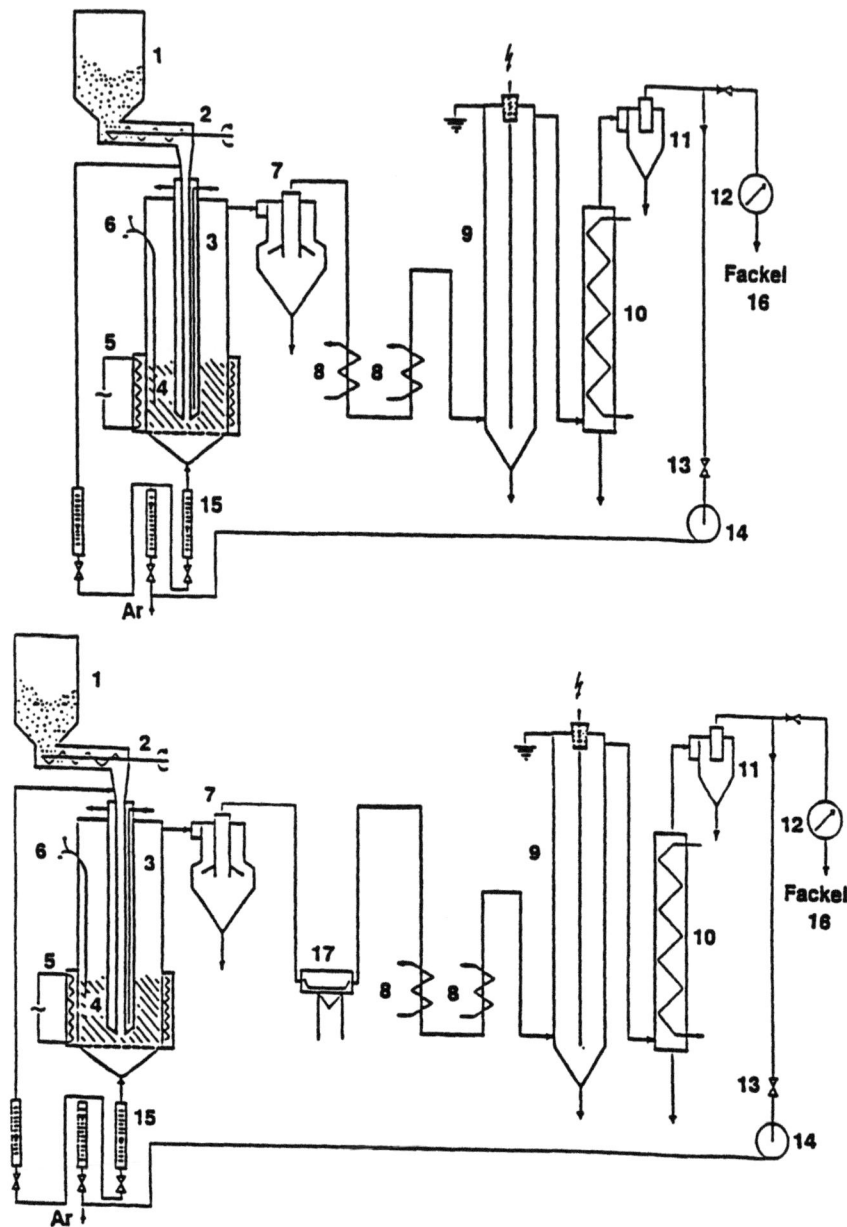

Abb. 4: Fließschema der Laborpyrolyseapparatur. Oben: Standardform; unten: mit Natriumreaktor DE 39 32 927. 1: Silo, 2: Dosierschnecke, 3: gekühltes Tauchrohr, 4: Wirbelschicht, 5: elektrische Heizung, 6: Thermoelement, 7: Zyklon, 8: Liebigkühler, 9: Röhrenelektrofilter, 10: Intensivkühler, 11: Zyklon, 12: Gasuhr, 13: Drosselventil, 14: Kompressor, 15: Strömungsmeßeinheit, 16: Fackel, 17: Natriumreaktor

unter Technikums- und technischen Bedingungen boten sich Strahlheizrohre[8, 9] an, die mit dem bei der Pyrolyse entstehenden Gas befeuert werden.

Die Laborapparatur, wie sie mit Menzel (s. Fußnote 2) entwickelt wurde und heute noch im wesentlichen unverändert benutzt wird, ist wiederholt beschrieben worden.[10] Sie wird heute auch als Praktikumsversuch angeboten, weil die Pyrolyse gut zum Üben der statistischen Versuchsplanung und erster Optimierungsschritte geeignet ist.

Schematisch ist die Laboranlage in Abb. 4 nach der Zeichnung des Patentes DE 39 32 927 nochmals dargestellt, insbesondere um zu verdeutlichen, daß durch Einbau einer Reaktionsstrecke, in der Natriumdampf erzeugt wird, eine vollständige Enthalogenierung der Pyrolyseprodukte erreicht werden kann, worauf später detailliert einzugehen sein wird.

Die Laboranlage ist mit 40 mm Durchmesser der Wirbelschicht geeignet, 20–100 g Kunststoff, besonders Polyolefine und Polystyrol durchzusetzen. Nach Abscheidung kondensierbarer Anteile aus den Pyrolyseprodukten wird das verbleibende Pyrolysegas als Wirbelgas verwendet. Beim Passieren der Wirbelschicht werden aus den Olefinen vor allem Aromaten gebildet.

Für die Aromatenbildung hat Kaminsky die Regressionsgleichungen abgeleitet und Optimierungsuntersuchungen durchgeführt, allerding überwiegend mit der aufgrund der Erfahrungen mit der Laborapparatur errichteten Technikumsanlage.[11, 12] Die Technikumsanlage, mit einem Durchmesser der Wirbelschicht von 400 mm, wurde ebenfalls wiederholt beschrieben.[8–13] Die Technikumsanlage ist geeignet, 10 bis knapp 100 kg Kunststoffschrott pro Stunde durchzusetzen, und wird regelmäßig in Schichtkampagnen bis zu 72 Stunden betrieben. Wie in Tab. 2 angegeben, wurden die verschiedensten Einsatzgüter durchgesetzt.

Ein besonderes Problem stellen Altreifen dar, obwohl das Altreifenaufkommen kleiner ist als der sammelbare Kunststoffschrott. Um zu demonstrieren, daß bei einer besonderen „inversen" Anströmtechnik der Wirbelschicht sogar unzerkleinerte Altreifen als Edukt eingesetzt werden können, wurde in Hamburg vor dem Institut der sogenannte Reifenreaktor aufgebaut. In ihn konnten alle zwei bis drei Minuten ganze Autoreifen mit 7 bis 10 kg Gewicht eingeworfen werden.[14] Der

---

[8] H. Sinn, W. Kaminsky und J. Janning, Angewandte Chemie 88, [1976] 737–750; dort Abbildung 8.
[9] W. Kaminsky, H. Rößler und H. Sinn, Kautschuk + Gummi, Kunststoffe 44 [1991] 846–51; dort Abbildung 2.
[10] W. Kaminsky und H. Sinn, Kunststoffe 68 (1978) 5. Vgl. auch Fußnoten 1, 2 und 3.
[11] W. Kaminsky, Habilitationsschrift Universität Hamburg 1982.
[12] W. Kaminsky, H. Sinn, Bericht über „Teilprojekt 5: Pyrolyse von Kunststoffabfällen", im „Forschungsprogramm Wiederverwertung von Kunststoffabfällen"; VKE, Verband Kunststofferzeugende Industrie, Herausgeber [1982], Frankfurt; Druck Henssler KG Frankfurt am Main.
[13] W. Kaminsky und H. Sinn, Kunststoffe 68 (1978) 5,284–90.
[14] Beschreibung des Reifenreaktors in: H. Sinn, W. Kaminsky und J. Janning, Kautschuk + Gummi, Kunststoffe 32 [1979] 1,23–32, dort Abbildung 9.

Tabelle 2

Einsatzgüter	Pyrolyse-temperatur °C	Gas Gew.-%	Öl Gew.-%	Rückstand Ges.-%	Andere Produkte Gew.-%
Polyethylen PE	760	55,8	42,4	1,8 C	
Polypropylen PP	740	49,6	48,8	1,6 C	
Polystyrol PS	580	9,9	24,6	0,6	64,9 Styrol
Mischungen PE/PP/PS	750	52,0	46,6	1,4	
Polyester	768	50,8	40,0	7,1	2,1 H_2O
Polyurethan	760	37,9	56,3	0,5	5,0 H_2O 0,3 HCN
ABS-Copolymer	740	6,9	90,8	1,1	1,2 HCN
Polyamid PA	760	39,2	56,8	0,6	3,4 HCN
Polycarbonat	710	26,5	46,4	24,6	2,5 H_2O
Phenol-Formaldehyd-Harze	780	14,4	28,1	49,5	8,0 H_2O
Polymethylmethacrylat	450	1,3	1,4	0,2 C	97,2 MMA
Polyvinylchlorid PVC	740	6,8	28,1	8,8	56,3 HCL
Polytetrafluorethylen PTFE	760	89,3	10,4	0,3	
Einwegspritzen	720	56,3	36,4	5,8	1,5 Stahl
Kunststoffe aus der Hausmüllsortierung	787	43,6	26,4	25,4	4,6 H_2O
Shredderabfall (schwer)	733	29,9	26,7	27,6	14,0 Metalle
Leichtshredder	700	26,8	21,4	51,8	1,8 H_2O
EPDM-Elsatomere	700	32,3	19,2	47,5	1,0 H_2O
SB-Gummi	740	25,1	31,9	42,8	0,2 H_2S
Reifenstücke	750	35,3	22,4	40,6	1,6 Stahl
Ganze Altreifen	700	22,4	22,0	39,0	0,1 H_2O Stahl 5,1 H_2O
Lignin	500	3,4	29,9	49,3	17,4 H_2O
Cellulose (Borke)	700	47,1	23,0	18,6 C	11,3 H_2O

Stahlcord des Reifens zeigt das interessante Verhalten, sich zu verknäueln und als Stahlwollknäuel auf der Wirbelschicht zu schwimmen. Er kann mit Hilfe eines Rechens ausgetragen werden. Ein wertvoller Bestandteil der Produkte aus der Reifenpyrolyse ist der (im allgemeinen mit ZnO vergesellschaftete) Ruß; es scheint ökonomisch interessant, einen Reifenreaktor nicht auf petrochemische Produkte, sondern auf Ruß hin zu optimieren. Der Ruß ist als Deckruß, aber auch als Verstärkerruß zumindest für weniger wertvolle Gummiwaren geeignet (und kann beachtliche Kilopreise erzielen).[15]

---

[15] Erst nach der deutschen Einigung wurde uns bekannt, daß in der ehemaligen DDR über mehrere Jahre eine Reifenpyrolyse betrieben wurde, bei der auch Einzelheiten wie waagrechte Anordnung der Strahlheizrohre, Anströmtechnik, Austragsrechen u. a. unserer Institutsanlage nachempfunden waren. Der Austausch mit den ehemaligen Betreibern bestätigte voll unsere Technikumserfahrungen. Es ist recht beruhigend, daß im Hinblick auf die Betriebserfahrungen zwei Gruppen, die nicht in Gedankenaustausch miteinander standen, die völlig gleichen Ergebnisse erzielten (und zwar in der ehemaligen DDR in mehrjährigem Betrieb).

Tabelle 3

Einsatzmaterial	Shredderabfälle	Kunststoffe	Polyurethane	PE-HD	Polyester
Pyrolysetemperatur °C	733	787	760	760	768
Σ Gase	29,9	43,6	37,9	55,8	50,8
Wasserstoff	2,4	1,5	0,5	1,5	0,6
Methan	37,9	39,0	9,3	40,1	7,6
Ethen	11,8	26,9	14,3	39,0	2,5
Ethan	8,1	8,1	2,1	9,6	0,5
Propen	5,9	4,3	4,5	6,0	0,2
Propan	1,1	0,2	0,03	0,8	0,03
1,3-Butadien	1,1	0,2	0,03	0,8	0,03
Kohlendioxid	5,9	6,9	38,0	0,01	34,0
Kohlenmonoxid	14,2	9,3	22,9	-	52,5
Cyanwasserstoff	-	-	0,8	-	-
Schwefelwasserstoff	0,01	-	-	-	-
Σ Öle	26,7	26,4	56,3	39,2	40,0
Benzol	18,4	47,0	15,7	48,5	45,3
Toluol	17,1	14,3	5,9	10,2	6,7
Xylole	3,0	5,7	1,1	2,3	1,4
Inden	0,4	3,4	3,4	1,3	2,2
Naphthalin	3,9	9,1	4,6	8,9	6,2
Biphenyl	0,8	0,6	0,5	0,5	7,4
Fluoren	0,2	0,5	0,9	0,3	0,6
Phenanthren	0,9	1,6	1,9	1,5	0,4
Acrylnitril	-	-	3,0	-	-
Tolylisocyanat	-	-	22,3	-	-
Acetophenon/Ketone	-	-	27,1	-	5,6
Benzonitril	-	-	6,6	-	2,4
Wasser	1,8	4,6	5,0	-	2,1
Ruß	27,6	13,9	0,5	5,0	7,1
Rückstand	14,0	11,5	-	-	-

Es hat sich herausgestellt, daß es äußerst schwierig ist, gelagerte Reifen, in die Regenwasser hineingelaufen ist, durch Drehen und Wenden völlig von Wasser zu befreien. Die Entfernung des Wassers gelingt am billigsten durch das Halbieren der Reifen. Es ist also nicht notwendig, einen Reifenreaktor für „ganze" Reifen auszulegen, vielmehr stellen halbierte oder geviertelte Altreifen das ideale Einsatzgut dar. In den Tabellen 3 und 4 sind Analysen der Pyrolyseprodukte für verschiedene Einsatzstoffe und Altreifen angegeben. Für detailliertere Analysen der Produkte wird auf die im Anhang angegebenen Dissertationen verwiesen. Im Reifenreaktor sind von den Institutsangehörigen mehrere Tonnen Altreifen durchgesetzt worden. Der Reifenreaktor wurde 1984 beim Umzug des Institutes demontiert.

Tabelle 4

Anlage	Technikum	Technikum	Technikum	Pilotanlage	Pilotanlage
Einsatzmaterial	PE	Mischung	Einwegspritzen	ganze Reifen	ganze Reifen
Temperatur °C	740	750	720	660	720
Wasserstoff	0,76	0,63	0,50	0,19	0,69
Methan	23,78	20,74	19,33	1,63	8,41
Ethan	6,72	5,28	6,72	0,68	2,43
Ethen	20,01	17,72	15,64	0,36	1,83
Propan	0,08	0,25	0,12	0,52	1,67
Propen	5,57	4,63	10,06	0,25	0,8
Buten	0,55	0,76	3,07	0,98	1,91
Butadien	1,59	1,36	1,40	0,11	0,32
Isopren	0,17	0,17	0,31	0,28	0,33
Cyclopentadien	1,92	1,29	q2,11	0,05	0,19
andere aliphatische Verbindungen	1,31	0,60	3,17	1,42	1,40
Benzol	19,23	15,00	13,79	0,80	2,53
Toluol	3,89	6,50	4,25	1,57	2,57
Xylole, Ethylbenzol	0,08	+	+	+	+
Styrol	0,48	3,60	0,45	0,12	0,45
Indan, Inden	0,51	1,07	0,47	0,35	0,50
Naphthalin	2,84	4,93	2,51	0,24	0,45
Methylnaphthalin	0,64	1,00	0,93	1,28	1,97
Biphenyl	0,30	0,76	0,33	0,77	0,50
Fluoren	0,20	0,37	0,15	+	+
Phenanthren/Anthracen	0,45	0,93	0,48	0,18	0,34
Pyren	0,30	0,23	+	0,10	0,06
andere aromatische Verbindungen	6,86	10,76	8,34	22,97	11,45
Kohlenmonoxid			+	0,41	1,47
Kohlendioxid			+	0,89	1,52
Wasser			+	11,50	8,02
Schwefelwasserstoff			+	<0,01	<0,01
Thiophen				0,09	0,03
Ruß, Füllstoffe	1,76	1,42	5,87	38,72	35,49
Stahlcord				13,53	13,69
Summe H_2, C_1–C_4	59,06	51,37	56,84	4,72	17,64
Summe Aromaten	35,78	45,15	31,70	28,38	20,21

Der zunächst vermuteten schlagartigen Erhitzung des Pyrolysematerials im Wirbelschichtreaktor steht allerdings die schlechte Wärmeleitung z. B. von Kunststoffabfällen entgegen. Wie Einzelkorn-Untersuchungen gezeigt haben, werden die in die Wirbelschicht eingebrachten Materialien oberflächlich angeschmolzen und die Schmelzschicht wird durch Wirbelgut erodiert. Dabei überzieht und vermengt sich Wirbelgut mit Pyrolysegut und aus dieser Vergesellschaftung heraus erfolgt, durch immer weitergehende Wärmeübertragung vom Wirbelgut auf das

Pyrolysegut, und zwar durch Strahlung und unmittelbare Berührung, die eigentliche Pyrolyse. Es scheint, daß erst dieser Vorgang jene Vergleichmäßigung der Pyrolysebedingungen bewirkt, die es erlaubt, den Pyrolysevorgang durch Regressionsgleichungen zu beschreiben und auf bestimmte Produktkomponenten hin zu optimieren. Die Optimierungsuntersuchungen, die Betriebsergebnisse der Technikumsanlage und der Betrieb des sog. Reifenreaktors mit einer Leistung von 120 kg/h, sind in der sehr umfangreichen Habilitationschrift von Kaminsky dokumentiert.

Die Optimierung gelingt jedoch nicht in einem solchen Umfange, daß es generell möglich wäre, bei Einsatz von Kunststoffabfall in größerem Umfange Monomere wieder zu gewinnen. Zwar werden überraschend hohe Ethylen- und Propylenwerte gefunden, aber nur bei Einsatz von Polystyrol und Polymethylmethacrylat entstehen die Monomeren in solchen Mengen und auch Reinheit, daß an eine Gewinnung der Monomeren, Aufarbeitung und Wiederverwendung gedacht werden kann.

Über eine japanische Entwicklung berichteten wir: „Eine in Konstruktionsphase befindliche kommerzielle Anlage soll einen Wirbelbett-Durchmesser von 1000 mm erhalten, 5 t/Tag verarbeiten und Polystyrol bei Temperaturen zwischen 350 und 600 Grad Celsius cracken. Bei Wirbelgeschwindigkeiten von 5 cm/s mit Sand-Körnern von 0,3 mm Durchmesser werden aus Polystyrol 80 bis 85 Gew.% Flüssigkeit gewonnen, die zu 63% aus Styrol, zu 9% aus Dimeren und zu 20% aus Trimeren besteht."

Für die Rückgewinnung von Monomeren bietet sich besonders das Polymethylmethacrylat an; hier ist es üblich, Produktionsreste in Bleibädern thermisch zu den Monomeren rückzuspalten. Erste Überlegungen, schon 1975, wurden nicht realisiert. In der Bundesrepublik könnten aber etwa 5000 t/Jahr PMMA-Abfall aufgebracht werden und nach jetzt wiederholten Labor- und Technikumsergebnissen mit etwa 90 bis 95%iger Ausbeute zu Monomeren gespalten werden.

Ausgehend von den an der Universität Hamburg erzielten Ergebnissen[16] wurde ab 1980 in Ebenhausen von einer dazu gegründeten Gesellschaft „Deutsche Reifenpyrolyse" (DRP) eine Demonstrationsanlage mit zwei Reaktoren à 5.000 Jahrestonnen errichtet und später von Asea-Brown-Boveri betrieben.

---

[16] Das Hamburger Pyrolyseverfahren hat folgende Merkmale:
Indirekt beheizte Wirbelschicht
Inertes Wirbelmaterial
    Sand,
    graphitierter Sand.
Für die indirekte Beheizung haben sich Strahlheizrohre von LOI, in denen Pyrolysegas verbrannt wird, bewährt.
Die Verwendung von feinkörnigem Wirbelmaterial (∅ <0,5 mm) verhindert Erosionen an Stahl-

Bischofsberger beschreibt den Pyrolysereaktor: „Das Pyrolysegut wird unmittelbar in die Wirbelschicht gebracht, dort aufgrund der Turbulenzen sofort mit dem Bettmaterial vermischt und schlagartig erhitzt. Sein Anteil am Bettmaterial liegt unter 5%, so daß ein großer Wärmepuffer für den Ausgleich kurzfristig schwankender Materialzusammensetzung gegeben ist." Die Zeit zwischen Einwurf und vollständiger Pyrolyse auch großer Eingabestücke liegt bei ein bis zwei Minuten.

Nach meiner Auffassung ist dies ein bemerkenswerter Sicherheitsaspekt: Ein für 1 t/h ausgelegter Drehtrommelreaktor enthält bei der üblichen Verweilzeit von 0,5 Stunden 0,5 t heißes Material, das auch nach Abschaltung noch weiter entgast. Ein entsprechend ausgelegter Wirbelschichtreaktor enthält 10 bis maximal 20 kg pyrolysierbares Material, die Vergasungszeit dieses Materials beträgt ein bis zwei Minuten. Dies heißt, daß ein bis zwei Minuten nach der letzten Materialzugabe auch keine Pyrolysegase mehr gebildet werden. Dies konnte beim sog. Reifenreaktor durch den Einwurf unzerkleinerter Altreifen und die Verfolgung des Pyrolysevorganges gezeigt werden.

Auch an der Pyrolyse unzerkleinerter Altreifen haben sich Japaner wie Deutsche versucht. Prinzipiell unterschied sich der von Yoshida an der Universität Tokio von dem an der Universität Hamburg betriebenen Reaktor wieder dadurch, daß entsprechend dem Japan Gasoline Verfahren in Japan direkt durch partielle Verbrennung mit Luft beheizt wurde, während wir in Hamburg der indirekten Beheizung den Vorzug gaben.

Von den beiden Reaktoren in Ebenhausen sollte einer für Altreifen, der andere für Kunststoffschrott eingesetzt werden. Abweichend von unserer Technikumsanlage wurden die Strahlheizrohre nicht waagrecht montiert, sondern aus Stabilitätsgründen fast senkrecht eingehängt. Dadurch bedingte Störungen der Fluidisierung konnten durch Optimierung der Wirbelschichthöhe überwunden werden. Für die Untersuchungen wurde im Hamburger Institut ein Scheibenmodell des Reaktors im Maßstab 1:1 errichtet und kalt betrieben.[17]

Der Reifenreaktor in Ebenhausen hat mit 700 Betriebsstunden – der längste Dauerbetrieb erfolgte mit 70 Betriebsstunden – seine Durchsatzleistung belegt.

---

wänden und Ausmauerungen, ferner sind relativ geringe Wirbelgasgeschwindigkeiten möglich. Die Wirbelgasgeschwindigkeit beträgt etwa 0,3 m/s.
Als Wirbelgas wird rückgeführtes Pyrolysegas verwendet. Dabei werden insbesondere ungesättigte Verbindungen aromatisiert.
In Abhängigkeit von der Pyrolysetemperatur (650–850 °C) können unterschiedliche Produktspektren erzeugt werden.
Die Wirbelschicht wird „invers" angeströmt, dadurch hat sie auch gegen Eingabestücke, die dem Wirbelschichtdurchmesser vergleichbar sind, eine gute Stabilität.

[17] M. Hoffmockel, Dissertation Universität Hamburg 1989.

Das entstehende Pyrolysegas war ausreichend, den Reaktor energieautark zu betreiben. Der Rußaustrag war noch verbesserungswürdig.

Beim Kunststoffreaktor ist bei Einsatz von Polyolefinen mit 400 kg/h anstelle der erwarteten 500 kg/h der mehrwöchige Dauerbetrieb demonstriert worden. Für relativ reine Kunststoffabfälle sind die Technikumsversuche bestätigt worden, so daß die Übertragung von Technikumsergebnissen auf die Erwartungen an die technische Demonstrationsanlage erlaubt ist.

Über die Ergebnisse mit der Kunststoffpyrolyseanlage, die für 500 kg/h ausgelegt war, hat ABB eine umfangreiche Studie „Kunststoff-Pyrolyse – Umfeld und Machbarkeit" vorgelegt. Diese Studie ist für den Gedankenaustausch mit einer russischen Arbeitsgruppe, die den Pyrolysereaktor für die Entölung von Rückständen des Kiviterprozesses in Estland einsetzen will, freigegeben, so daß davon ausgegangen werden kann, daß sie auf Anforderung vom BMFT zur Verfügung gestellt wird.

Nichtsdestoweniger wurde 1989 entschieden, die Anlage abzuschalten und zunächst wieder Labor- und Technikums-Untersuchungen aufzunehmen. Die Mitteilung über die Stillegungsentscheidung hat folgenden Wortlaut und ging dem Institut ITMC am 3. 5. 1990 zu:

– „Wir haben im Laufe des Demo-Betriebes in Ebenhausen festgestellt, daß noch einige Nachentwicklungen am Verfahren zu tätigen sind, bis man wirklich einen gut funktionierenden Betrieb der Anlage erwarten kann.

Der gravierendste Punkt war die Chloreinbindung und damit verbunden Verstopfungen in den nachgeschalteten Anlageteilen. Ein ebenso wichtiger Punkt war die Verschmutzung der Pyrolyseprodukte durch Sand und $CaCl_2$. Darüber hinaus gab es noch einige kleinere maschinen- und anlagentechnische Probleme.

– Wir sind überzeugt, daß alle diese Punkte technisch lösbar sind, aber vor dem Hintergrund der mit Abstand nicht gegebenen Wirtschaftlichkeit gegenüber der Verbrennung ist unser Haus nicht bereit, die für die Lösung dieser technischen Probleme erforderliche Nachentwicklung zu finanzieren."

Kein Dauerbetrieb war möglich, wenn größere Mengen (10 Gew.%) PVC dem Einsatzgut beigemischt waren. Durch Zusatz von Kalk läßt sich zwar – wie im Technikumsmaßstab – auch in der technischen Wirbelschicht die Reaktion so führen, daß keine freie Salzsäure den Reaktor verläßt, der Austrag des entstehenden $CaCl_2$ erwies sich aber weder über den Zyklon noch über den Schneckenaustrag der Wirbelschicht als realisierbar.[18, 19] Die zum Abschalten zwingenden Folgen waren

---

[18] W. Balcerek, Dissertation Universität Hamburg 1979.
[19] U. Prösch, Dissertation Universität Hamburg 1988.

- Zubackungen aus CaCl$_2$/CaO/Teer/Ruß,
- erodierende Teilchen in Lagern,
- unprogrammgemäße suboptimale Stoffführung,
- Nichtabsetzbarkeit der Pyrolyseöle wegen Gehaltes an chlororganischen Verbindungen von 70 ppm.

Es soll klargestellt sein, daß die erwähnten chlororganischen Verbindungen keine Dioxine sind. Die Dioxin- und Furan-Gehalte der Produkte sind sorgfältig durch Dritte untersucht worden. Die Ergebnisse sind in den nachfolgenden Tabellen aus dem Bericht über das Forschungsvorhaben wiedergegeben. Tabelle 5 beschreibt die Summenanalysen von Blasenrückständen nach Aufdestillation der Produkte aus Ebenhausen. Tabelle 6 beschreibt Einzeluntersuchungen aus der Begleituntersuchung in der Dissertation Prösch.[19]

Tabelle 5: Verhalten von PCB, Dioxinen und Furanen während der Pyrolyse

Gehalt der Edukte	Gehalt der hochsied. Produktfraktion	Gehalt der niedrigsied. Produktfraktion
64,5 mg PCB/kg	14,8 mg PCB/kg	3,8 mg PCB/kg
16,3 µg Dioxin/kg	16,8 µg Dioxin/kg	0,2 µg Dioxin/kg
9,3 µg Furan/kg	6,8 µg Furan/kg	0,1 µg Furan/kg

Schon die Betrachtung der Massenbilanz lehrt, daß höhere PVC-Gehalte prohibitiv sind, wenn die HCl-Abspaltung durch Kalk im Reaktor neutralisiert werden soll (vgl. Abb. 5). Ein Grundbaustein Vinylchlorid mit der Molmasse 62,5 g/mol liefert nach thermischer HCl-Abspaltung 26 g noch zu pyrolysierendes Material der Zusammensetzung (CH)$_n$ und 36,5 g HCl, die sich mit mindestens 56 g CaO zu mindestens 92,5 g Ca(OH)Cl umsetzen, die ausgetragen werden müssen. Diese Menge würde aber notgedrungen noch mit 400 g Wirbelsand vermengt sein, so daß bei etwa 10 Gew.% PVC im Edukt pro Tonne eingetragenen Materials über 600 kg Sand/Kalk/CaCl$_2$-Gemisch zu deponieren wären. Ohne die Notwendigkeit, Kalk zuzusetzen, geht die zu deponierende Menge bei der Wirbelschichtpyrolyse fast auf Null zurück.

Da in der Zukunft eher mit steigenden Anteilen von PVC in gemischten Kunststoffmüllfraktionen zu rechnen ist, wurden Versuche zur Vorabspaltung von HCl wieder aufgenommen. In speziellen Reaktoren ist es ohne Schwierigkeiten und ohne wesentliche Zersetzung des übrigen Materials zwischen 300 und 400 °C möglich, zumindest aus PVC mehr als 99% des Chlors als HCl thermisch abzuspalten.[20] Wird Kondensation in den Apparateteilen aus Metall vermieden, so treten auch keine Korrosionsprobleme auf und das HCl-Gas kann in Glas- oder Emaille-Apparaturen zu einer recht sauberen Salzsäure umgesetzt werden, die

---

[20] K. Pohlmann, Dissertation Universität Hamburg 1991.

Tabelle 6: Untersuchung auf Dioxine und Furane bei Technikumsversuchen

Pyrolysetemperatur	608 °C	735 °C	790 °C
Neutralisation des HCl	nur teilweise in der Wirbelschicht	weitgehend in der Wirbelschicht	nur zu Beginn des Versuchs
Σ TeCDD	n.n.	n.n.	n.n.
2,3,7,8-TCDD	n.n.	n.n.	n.n.
Σ PeCDD	n.n.	n.n.	n.n.
1,2,3,7,8-PeCDD	n.n.	n.n.	n.n.
Σ HxCDD	n.n.	n.n.	n.n.
1,2,3,6,7,8-HxCDD			
1,2,3,7,8,9-HxCDD	n.n.	n.n.	n.n.
1,2,3,4,7,8-HxCDD			
Σ HpCdd	2,2	n.n.	n.n.
OcCDD	1,7	n.n.	n.n.
Σ TeCDF	16,9	4,5	14,1
2,3,7,8-TeCDF	0,38	n.n.	n.n.
Σ PeCDF	13,7	1,5	4,6
2,3,4,7,8-PeCDF	0,39	n.n.	0,2
Σ HxCDF	3,2	n.n.	0,4
1,2,3,6,7,8-HxCDF	0,3	n.n.	n.n.
Σ HpCDF	5,3	n.n.	n.n.
OcCDF	n.n.	n.n.	n.n.
PCB nach DIN 51 527	1500	<1000	162

Übersicht über die PCDD-, PCDF- und PCB-Konzentrationen in den hochsiedenden Fraktionen, Werte in µg/kg (Te: Tertra, Pe: Penta, Hx: Hexa, Oc: Octa) [Quelle: Dissertation Prösch]

dem Salzsäure-Rückführungssystem der Chemischen Industrie zugeführt werden kann.

Hier sei an die elegante Mikrowellenbeheizung des Vorenthalogenierungsreaktors der Anlage in Kusatsu erinnert.

Die enthalogenierte Kunststoffschmelze kann entweder als solche dem eigentlichen Pyrolysereaktor zugeführt werden, was das Eintragssystem nicht unwesentlich vereinfacht, oder aufgrund ihrer relativ hohen Dichte leicht (in Kesselwagen) transportiert werden, so daß die Möglichkeit großer zentraler Pyrolyseanlagen diskutiert werden kann. Große zentrale Pyrolyseanlagen mit spezifisch niedrigen Kosten (vor allem beim Personal) erschienen mir bisher wegen der hohen Transportkosten voluminöser Kunststoff-Abfälle nicht opportun.

Die Vorenthalogenierung ist aber nicht notwendig. Ein zufriedenstellender Austrag des zunächst gebildeten HCl gelingt, wenn dem Wirbelgas ein der zu erwarteten HCl-Bildung äquivalenter (leicht überschüssiger) Ammoniakstrom

Tabelle 7: Massenbilanz eines Laborversuches mit HCl-Ausschleusung durch Ammoniak

		Masse	C	Cl
Edukte:	PE	75,5	64,7	–
	PVC	8,4	3,3	4,73
	NH$_3$	3,9		
	Σ	87,8	68,0	4,73
Produkte:	fest	18,4	10,8	4,42
	flüssig	17,2	15,7	0,10
	Gase	49,8	40,1	0,00
	Σ	85,4	66,6	4,52

Alle Angaben in g; offensichtlich wurden 97,9% des Kohlenstoffs, 95,5% des Chlors und 97,3% der Masse wiedergefunden. In der Abbildung 5 sind die Massenströme für die Chlorausschleusung mit Kalk und Ammoniak vergleichend betrachtet.

zugemischt wird.[21] Wegen der Sublimationsfähigkeit des Ammonchlorides passiert gebildetes Ammonchlorid alle heißgängigen Teile der Anlage und wird zusammen mit wenig hochsiedendem Teer an geeigneten Kühlflächen niedergeschlagen. Durch Extraktion mit Kohlenwasserstoffen oder durch Wasserextraktion lassen sich Ammoniumchlorid und teerige Bestandteile voneinander trennen. Es kann reines Ammonchlorid gewonnen werden, und die Massenbilanz eines Laborversuches ist recht befriedigend, wie die Tabelle 7 zeigt (vgl. Abb. 5).

Zur Zeit sind diese Massenbilanzierungen in der Laboranlage und im kleinen Technikumsmaßstab (2 kg/h Durchsatz) durchgeführt. Wir bemühen uns um Demonstration in der großen Technikumsapparatur. Leider ist ein entsprechender Forschungsantrag noch nicht bewilligt. (Zum 1. 7. 94 bewilligt)

Offensichtlich blockiert der Ammoniakzusatz auch die Rückbildung chlororganischer Verbindungen, jedenfalls geht der Restchlorgehalt der flüssigen Pyrolyseprodukte drastisch zurück. Während wir ohne Ammoniakzusatz in der Flüssigfraktion noch 70.000 ppm Chlor fanden, die durch Waschen mit Wasser auf 20.000 ppm vermindert wurden, waren bei stöchiometrischer Ammoniakzugabe allenfalls einige hundert, und bei leicht überschüssiger Ammoniakzugabe reproduzierbar nur 70 ppm Chlor mit der Methode nach Wickbold nachzuweisen.[22]

Die Pyrolyseöle aus der Demonstrationsanlage enthielten noch 100 oder 200 ppm, maximal 1 Promille an Chlor in Form chlororganischer Verbindungen.

Da nun aber zur Auflage gemacht war, Pyrolyseöle mit weniger als 10 ppm Gesamtchlor zu liefern, blieb uns nur der Weg, in den Pyrolysestrang noch eine Nachdechlorierung zu integrieren. Nach vielen erfolglosen Versuchen stellte sich heraus, daß das den Zyklon nach dem Wirbelschichtreaktor verlassende Gas mit

---

[21] DP 40 12 379 vom 19. 4. 1990.
[22] B. Hinz und Wong, unveröffentlicht ITMC, Universität Hamburg.

Wertstoff- und Energie-Rückgewinnung 53

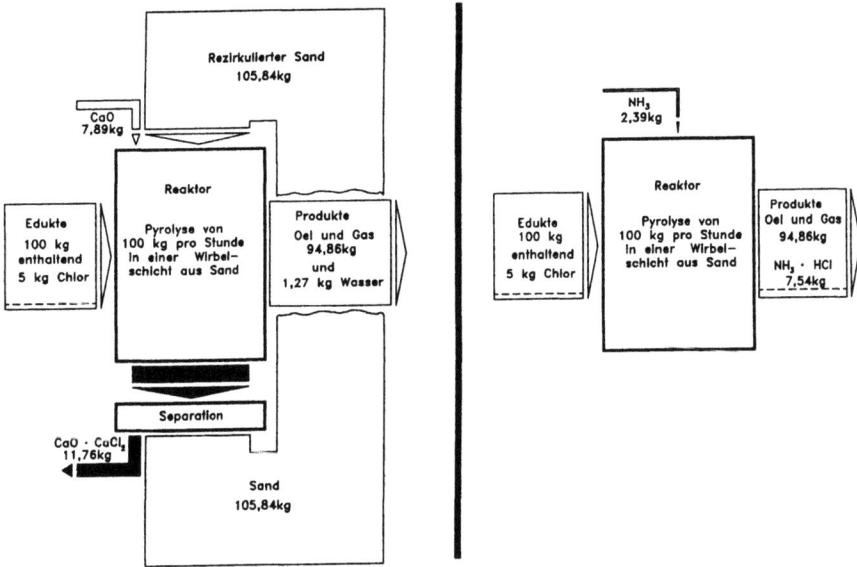

Abb. 5: Vergleichende Darstellung der Massenströme bei Chlorbindung mit Kalk (links) und Chlorbindung mit Ammoniak (rechts)

etwa 400 °C mit Natriumdampf, bei Verweilzeiten im Sekundenbereich, ohne wesentliche Zersetzung, aber unter nahezu vollständiger Enthalogenierung reagiert. Wie weit dieser Prozeß durch überschüssiges Ammoniak gestört würde, ist noch nicht bekannt.

Das Verfahren ist natürlich gut möglich, wenn die Vorenthalogenierung eingesetzt wird und daher in den Pyrolysereaktor ein nahezu vollkommen wasserfreies Material eingetragen werden kann. Das Verfahren eignet sich übrigens auch, um in trockenen, aber geringen Mengen chlororganische Verbindungen enthaltenden Abgasen die chlororganischen Verbindungen zu zerstören. Up-Scale Probleme sind nicht zu erkennen. Zur vollständigen Enthalogenierung genügt es, in die Laborapparatur ein kurzes Stück einzusetzen, das einen geschmolzenen Natriumvorrat enthält. Bei 400 °C hat Natrium einen Dampfdruck von einigen Pa und verdampft schnell genug, um die Reaktion in der Gasphase zu ermöglichen. Aus dem beheizten Reaktionsvolumen und dem Volumenstrom der Pyrolysegase ergab sich, daß die Reaktion bei 400–500 °C in wenigen Sekunden vollständig ist, jedenfalls nach Verweilzeiten < 5 Sekunden die nachweisbaren Chlormengen in den Produkten < 5ppm sind.[23] Eine Reaktion an der Oberfläche des flüssigen

---

[23] Es wurde auch das Verhalten besonders schwer zu dechlorierender Verbindungen untersucht. Beim Einsatz von PCB-Isomerengemischen haben wir immer eine Erniedrigung des Gesamtchlorgehaltes, teils vollständige Beseitigung einzelner Spezies, teils aber auch Wiederaufbau von PCB beobachtet.

Metalls ist freilich nicht auszuschließen, zumal sich die Oberfläche im Laufe der Zeit mit Kohlenstoff bzw. Verharzungsprodukten bedeckt. Schädel[24] hat daher zunächst mit Hilfe eines heißen Argonstromes, der mit Natriumdampf gesättigt war, Natriumdampf in den Pyrolysegasstrom eingeschleust und unter den Bedingungen einer reinen Gasphasenreaktion die Dechlorierung von Chlorbenzol gezeigt. In einer kleinen Technikumsapparatur (Durchsatz 2 kg/h) haben wir dann über mehrere Stunden über eine auf 800°C geheizte Inconel-Kapillare Na-Dampf in den auf 500°C gehaltenen Pyrolysegasstrom eingeleitet. Der Pyrolysegasstrom enthielt vor der Zugabestelle 1500 bzw. 4500 ppm Chlor aufgrund entsprechender PVC-Zudosierung in den Pyrolysereaktor. Nach maximal zwei Sekunden Verweilzeit konnten in den mit Wasser gewaschenen Pyrolyseprodukten noch 1 bzw. 3 ppm Chlor nach Wickbold nachgewiesen werden. Die Untersuchung des Ammoniak-Einflusses auf diese Reaktion ist noch in Arbeit, jedoch erwarten wir keine Störung, da die Arbeitstemperatur oberhalb der Zersetzungstemperatur des Natriumamides (das sich aus Natrium und Ammoniak bilden könnte) liegt.

Im Zusammenhang mit diesen Untersuchungen wurde eine überraschende Beobachtung gemacht. Die seit Jahren reproduzierten Produktspektren veränderten sich in den Apparaturen, in denen mit Na gearbeitet worden war. Spuren von Alkalimetallen und/oder Alkali verändern offenbar das Pyrolysegeschehen in der Weise, daß die Produktspektren einer höheren Pyrolysetemperatur entsprechen, d. h., daß mehr Gase, weniger Flüssigkeit, weniger Teer, etwas mehr Kohlenstoff (Ruß) gebildet wird. Dies führt mich zur Erwähnung einer letzten Verfahrensmodifikation, die wir derzeit in Labor und Technikum bearbeiten:

Ausgehend von Polyolefinen werden bei der üblichen Rückführung der Pyrolysegase die in der voranstehenden Tabelle 8 in Klammern angegebenen Gleichgewichtskonzentrationen im Produkt (bei Temperaturen der Wirbelschicht 700–800 °C) erreicht. Wird das so charakterisierte Pyrolyseprodukt als Edukt eingesetzt, so entsteht an einem Zeolith HZSM – 5 das in der ersten Spalte beschriebene Produkt (Angaben in Gew.%). Es lassen sich so also mehr als 75% Flüssigkeit und 55% BTX-Aromaten gewinnen. Der Analysenfehler von 1,3% ist auch Rundungsfehler.

Unzureichend ist noch die Alterungsbeständigkeit des Katalysators.

Nahezu vollständigen Abbau erhielten wir bei Einsatz von Hexachlorbiphenyl BS Nr. 153, (2,2',4,4',5,5'-Hexachlorbiphenyl) das in reiner Form zugänglich ist und als Testsubstanz geeignet erscheint. Bei diesem Enthalognierungsversuch wurde auch keine Isomerenbildung beobachtet:
In etwa 70 g Eintragsgut Hexadecan waren 34 700 ng PCB gelöst. Bei der Pyrolyse ohne Natriumdampf reduzierte sich die PCB-Menge auf 14 200 ng, bei Enthalogenierung mit Natriumdampf wurden nur noch 3250 ng gefunden. Die Verweilzeit mit Natriumdampf betrug < 2 Sekunden.

[24] S. Schädel, Dissertation Universität Hamburg 1993.

Tabelle 8: Produktzusammensetzung vor ( ) und nach der Alkylierung an HZSM-5

Wasserstoff	1,1	(1,1)
Methan	9,4	(11,6)
Ethen	7,7	(25,0)
Ethan	1,1	(2,1)
Propen	1,7	(5,0)
Propan	0,2	(0,3)
Summe C$_4$	1,5	(3,2)
Summe Gase		(48,3)
Summe C$_5$	0,9	(0,8)
Benzol	16,2	(28,6)
Toluol	11,9	(6,8)
Ethylbenzol	7,9	(0,6)
m,p-Xylol	9,3	(0,5)
o-Xylol	0,8	(4,0)
m,p-Ethyltoluol	8,2	(0,5)
Diethylbenzol	2,2	(0,7)
andere Kohlenwasserstoffe	22,3	(10,5)
Summe der Flüssigkeiten	79,7	(53,0)
(Alle Angaben in Gew.%)		

Die verbleibende Gasmenge reicht noch immer, um – in den Strahlheizrohren verbrannt – die Pyrolysenergie dem Reaktor zuzuführen. Möglicherweise gibt es jedoch auch für dieses verbleibende Pyrolysereingas eine günstige energetische Verwendung. Dann stünden die „anderen Kohlenwasserstoffe", u. a. teerige Verbindungen mit Siedepunkten oberhalb der Siedepunkte der alkylierten Naphthaline, als kohlenstoffreiches Brennmaterial zur Verfügung. Es bietet sich dann allerdings als Beheizungsvariante an, diese Teere in einer Verbrennungswirbelschicht, der graphitierter Wirbelsand aus der Pyrolyse zufließt, vorzunehmen und den in der Verbrennungswirbelschicht aufgeheizten Wirbelsand als Wärmeträger in den Pyrolysereaktor zu fördern.

Dieses Verfahren wurde bei den Crackprozessen schon geübt; wir haben es in modifizierter Form bei der Anwendung der Wirbelschichtpyrolyse zur Pyrolyseölgewinnung aus Öl- und Teersanden vorgeschlagen und wir gedenken es mit den Mitteln aus der Körber-Stiftung, zusammen mit Kaminsky, Buekens und Dragalov auszuarbeiten.

Die Errichtung und Betreibung kommerzieller Pyrolyseanlagen scheitert im Moment an den Kosten. Die bereits mehrfach erwähnte ABB-Studie kommt zu dem Urteil: „Ohne einen ‚Entsorgungsbonus' ist deshalb die Wirtschaftlichkeit der Kunststoffpyrolyse nicht zu erreichen."

Diesem Urteil liegt die Untersuchung von drei Varianten zu Grunde:
- autarke Anlage,
- mit einer Müllverbrennungsanlage gekoppelte Pyrolyseanlage,
- mit einer Raffinerie gekoppelte Pyrolyseanlage.

Von diesen Varianten erweist sich die mit der Raffinerie gekoppelte Pyrolyseanlage als die ökonomischste. Bei einem Ölpreis von 18 Dollar pro Barrel waren Raffinerien bereit, die unaufgearbeiteten Pyrolyseprodukte für eine Gutschrift von 238 DM/t einzuspeisen. Bei angenommenen Investitionskosten von 17 Mio DM für eine zweisträngige Anlage mit 2 × 1 t/h resultieren Betriebskosten von 2,6 Mio DM/Jahr bei angenommenen 5000 Betriebsstunden. Daraus wurden Nettoentsorgungskosten von 261 DM/t errechnet.

Beim derzeitigen Ölpreis von 25 Dollar pro Barrel scheint allerdings eine Gutschrift von 350 DM/t Pyrolyseprodukt erzielbar, womit die Nettoentsorgungskosten auf etwa 150 DM/t fallen würden.

Dem negativen Urteil lagen angenommene Entsorgungskosten von
- 20–60 DM/t bei Deponierung,
- 70–140 DM/t bei Verbrennung

zu Grunde.

Es ist zu vermuten, daß alsbald die Deponierung nicht mehr gestattet ist, und nach Angaben des UBA sind die Nettoentsorgungskosten bei der Verbrennung mit 300 DM/t anzusetzen (Kostenangaben Stand 1990). Wenn diese Zahlen zutreffend sind, dann hat die Pyrolyse kohlenwasserstoffreicher Abfälle, insbesondere von Kunststoffabfällen, nicht nur einen ökologischen, sondern auch einen ökonomischen Vorteil.

Für die konkurrierende Hydrogenolyse, also die hydrierende Spaltung von Kunststoffschrott, wurden uns von DSD Nettoentsorgungskosten von 600 DM pro Tonne genannt, ohne Berücksichtigung der Investitionskosten. In den Nettoentsorgungskosten der Pyrolyse von etwa 300,– DM pro Tonne sind die Investitionskosten mit einem Kapitaldienst von 8% und einer Abschreibungszeit von zwanzig Jahren enthalten. Wir sind daher der Meinung, daß das Verfahren der Wirbelschichtpyrolyse unter den gegebenen Randbedingungen das ökonomisch überlegene und ökologisch zumindest gleichwertige Verfahren ist.

Je nach Einzelfall sind folgende Probleme bearbeitungswürdig:
Perfektionierung der Enthalogenierung,
Heißentstaubung bei pigmentreichen Materialien,
Verhalten der Schwermetalle im Pyrolyserückstand.

Elutionsversuche mit Wasser an den Rückständen der Klärschlammpyrolyse nach DIN 38.414 T4 ergaben, daß die in der Matrix Pyrolyserückstand eingebundenen Schwermetalle deutlich stärker eingebunden sind als in einer durch Verbrennung bei 1200 Grad Celsius erhaltenen Klärschlammasche oder dem Klärschlamm selbst.

Trotz des überzeugenden Kostenvorteiles der Kombination einer Kunststoffpyrolyseanlage mit einer petrochemischen Anlage bleibt es reizvoll, wie oben angedeutet die Konversion der Pyrolysegase zu Pyrolyseölen voranzutreiben und mit Hilfe der Abwärme der Pyrolyseanlage (für die bisher eine Gutschrift nicht berücksichtigt wurde) die Flüssigkeiten destillativ aufzuarbeiten, um sie marktgängiger zu machen, denn es gäbe weit mehr potentielle Pyrolysestandorte, als es Raffineriestandorte gibt.

„Noch immer werden 90% des geförderten Erdöles als Heiz- oder Energiequelle benutzt. Bei diesen Verhältnissen kann die Rückführung gebrauchter Chemie*wert*stoffe in Chemie*roh*stoffe nur einen geringen Beitrag zum Erhalt der Rohstoffbasis liefern. Wärme- und Energieerzeugung kann (muß, CO_2!) aber langfristig auf eine andere Basis gestellt werden. Dann gewinnen Rückführungsverfahren verbrauchter Chemiewertstoffe in Chemierohstoffe zunehmend Bedeutung." Dafür Vorsorge zu treffen war das Ziel der bisherigen Untersuchungen.

Schon vor vielen Jahren, auf einer SIA-Tagung mit dem Thema „Technik für den Menschen", zeichnete Braun[25] das in Abb. 6 gezeigte Bild und führte dazu aus:

„Maßgebend für die Frage, ob sich ein Abfallstoff in bezug auf ökologische und rohstoffökonomische Erfordernisse zur Wieder- oder Weiterverwendung eignet,

Abb. 6: Industrieller Rohstoffkreislauf. Quelle: Braun (s. Fußnote 25)

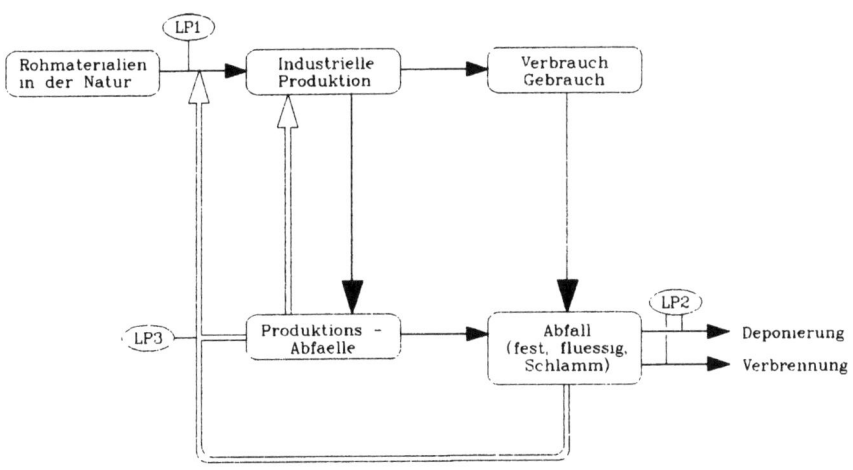

---

[25] Rudolf Braun, „Abfallbewirtschaftung in der Schweiz" Beitrag bei der SIA-Tagung „Technik für den Menschen", Basel 1976, Dokumentation 15, S. 97ff., Herausgeber Schweizerischer Ingenieur und Architekten Verein, Zürich 1976.
Eine kritische Würdigung dieser Überlegungen findet sich im „Abfallwirtschaftsgutachten 1990", Metzler-Poeschel, Stuttgart, ISBN 3-8246-0073-0.

sind die „Lastpakete", die mit der Aufbereitung der Abfälle zu neuen Produkten oder Rohstoffen verbunden sind. Unter dem Begriff „Lastpaket" (LP1, LP2 und LP3 in der Abbildung 6) verstehen wir *die Summe der mit der Aufbereitung verbundenen Umweltbelastungen,* also Emissionen/Immissionen, Energieverbrauch, Schädigung von Ökosystemen, ökologische Risiken etc.

Verursacht ein Abfallstoff bei seiner Aufbereitung zur Wieder- oder Weiterverwendung ein zu großes Lastpaket, so sind die betreffenden Maßnahmen fragwürdig oder gar falsch. *Sinnvoll sind sie dann, wenn durch die Rückführung der Abfälle in Stoffkreisläufe die Umweltbelastung gesamthaft gesenkt werden kann.*

Man ist versucht, generell zu sagen: Je mehr Abfälle dem Materialfluß im Kreislauf zugeführt werden, resp. je kleiner der lineare Materialfluß ist, desto geringer ist die Umweltbelastung und desto wirksamer die Schonung der Resourcen.

In dieser Verallgemeinerung und Simplifizierung, die leider heute immer wieder anzutreffen ist, wäre diese Folgerung ein Trugschluß. Recyclingmaßnahmen sind dann sinnvoll und sollten möglichst intensiviert werden, wenn das mit der Aufbereitung verbundene Lastpaket LP3 kleiner oder höchstens gleich groß ist wie die Summe der Lastpakete LP1 und LP2. Ist dies nicht der Fall, so verschieben wir die Umweltbelastung nur auf eine andere Ebene."

Wenn die Lastpakete richtig bewertet würden, so lieferte unser einfaches Modell eine klare Handlungsanweisung. In die Lastpakete müssen aber eingehen *alle* Umweltbelastungen, die Emissionen und die Immissionen, der Energieverbrauch, die Schädigung von Ökosystemen, die ökologischen Risiken etc. Im Falle der Pyrolyse ist zum Beispiel im Lastpaket LP2 eine Kohlendioxidemission enthalten, die im Lastpaket LP3 fehlt.

Ich meine, es gehörte zu den *Aufgaben der wissenschaftlichen Gesellschaften, der Universitäten und vielleicht insonderheit der Akademien,* die Bewertungsmöglichkeit der Lastpakete zu eröffnen. Wer sonst als die wissenschaftlichen Gesellschaften hätte die Potenz, jene interdisziplinäre Zusammenarbeit zu organisieren, die für die Festlegung von Bewertungen von Gütern und Vorgängen, die keinen Marktpreis haben, notwendig ist.

Technikfolgenabschätzung ist notwendig, um aus der Fülle des Machbaren das gesellschaftlich Wünschenswerte auszuwählen, aber auch um die Konsequenzen von Unterlassung abzuschätzen.

Nicht das Kohlendioxid*niveau* ist dramatisch, sondern seine *Änderungsgeschwindigkeit.*

Alle Maßnahmen, die die Kohlenstoff- und Kohlenwasserstoffspeicher länger erhalten, sind daher sinnvoll.

Könnte man die Kohlenwasserstoffe regenerativ erzeugen, so wäre das Problem des Kohlendioxidanstieges überwunden. Diese regenerative Erzeugung ist mangels Anbauflächen auf pflanzlicher Basis nicht möglich. Es ist aber interessant, ein-

mal die Marktpreise zu betrachten, die sich zwischen fossilen Kohlenwasserstoffen und regenerativ erzeugten Kohlenwasserstoffen eingestellt haben:
Rohöl   DM 206,-/t
Fischöl DM 620,-/t
Rapsöl   DM 748,-/t
Palmöl   DM 848,-/t

Die Differenz von etwa DM 500,-/t zwischen fossil und regenerativ erzeugten Ölen erscheint mir als eine diskussionswürdige Größe einer zu tätigenden Rückstellung beim Verbrauch von fossilen Ölen. Pro kg sind das nur 50 Pfennig.[26]

Die Produktion von einer Tonne Kohlendioxid müßte entsprechend mit 170 DM belastet werden. Eine solche Belastung der CO_2-Produktion aus Erdöl würde dazu führen, daß energetische und stoffliche Rückführungsprozesse, die Kohlendioxid vermeiden, begünstigt würden und daß derzeit zu teure (solarenergetische) Energieerzeugungsprozesse konkurrenzfähig würden und anfingen, den Markt zu penetrieren. Die Rechtfertigung einer solchen Pönale für die Kohlendioxidproduktion liegt einfach darin, daß ja doch mindestens eine Rückstellung in Höhe der Erzeugungskosten regenerativer Öle zuzumuten ist, wenn unersetzbares Depotöl entnommen wird. Ohne eine solche Rückstellung wird auch nach klassisch bürgerlicher Sicht auf Kosten des angesammelten (ererbten) Vermögens oder auf Kredit ohne Aussicht auf Rückzahlung gelebt (zu Lasten zukünftiger Generationen). Die Entscheidung, wie wir mit unserem Abfall umgehen, ist eine wirtschaftliche Entscheidung. Aber wie wir wirtschaften, das ist eine moralische Entscheidung.

---

[26] Vgl. Heiner Jüttner, „Mehr Ökologie durch Ökonomie", Die Zeit, Nr. 25, 16. Juni 1989.

Anhang

Unter Anleitung von Prof. Sinn und/oder Prof. Kaminsky auf dem Gebiet der Pyrolyse angefertigte Dissertationen an der Universität Hamburg.

Menzel, J.
Der pyrolytische Abbau von Kunststoff in einer Wirbelschicht, Massen- und Stoffbilanzierung
Dissertation, Universität Hamburg 1974

Perkow, H.
Der pyrolytische Abbau von Kunststoff in einer Salzschmelze – Massen-, Stoff- und Energiebilanzierungen
Dissertation, Universität Hamburg 1975

Balcerek, W.
Dehydrohalogenierung von PVC-haltigen Kunststoffabfällen durch Pyrolyse – Eine Möglichkeit zur Rückgewinnung von Wertstoffen?
Dissertation, Universität Hamburg 1979

Schwesinger, H.
Vergleichende Untersuchungen von Ethanol- und Alkali-Ligninen durch Pyrolyse in der Wirbelschicht
Dissertation, Universität Hamburg 1979

Timmann, H.
Optimierende Reaktionsführung bei der Pyrolyse von Polyethylen in der Wirbelschicht
Dissertation, Universität Hamburg 1979

Döring, J.
Optimierende Untersuchungen der Pyrolyse von Kunststoffmischungen und der Produktaufarbeitung im Technikumsmaßstab
Dissertation, Universität Hamburg 1980

Merkel, J.
Pyrolyse von Polytetrafluorethylen, Polyamiden und Polyurethanen in der Wirbelschicht – Massen- und Stoffbilanzierungen
Dissertation, Universität Hamburg 1982

Brolund, N.
Pyrolytischer Abbau von Biomasse in der Wirbelschicht im Maßstab 3 kg/h am Beispiel von Koniferenborke
Dissertation, Universität Hamburg 1982

Vymer, J.
Verwertung von Ölsand durch Pyrolyse in der Wirbelschicht – Makrokinetische Untersuchungen
Dissertation, Universität Hamburg 1983

Lohse, H.
Wertstoffgewinnung durch die Pyrolyse von Ölschiefer in der Wirbelschicht
Dissertation, Universität Hamburg 1984

Wiprecht, L.
Kalkstein und Dolomit als entschwefelnde und dechlorierende Hilfsmittel bei der Pyrolyse von Altgummi und Kunststoffmüll in der Wirbelschicht
Dissertation, Universität Hamburg 1984

Krebs, H.
Pyrolyse von ganzen Altreifen in einer Technikumswirbelschicht
Dissertation, Universität Hamburg 1985

Krüger-Betz, M.
Wertstoffgewinnung aus industriellem Klärschlamm durch Pyrolyse in einer indirekt beheizten Wirbelschicht unter Berücksichtigung der Schwermetallverteilung auf die Produktfraktionen
Dissertation, Universität Hamburg 1986

Augustin, T.
Wertstoffgewinnung durch Pyrolyse von thermisch konditioniertem Belebtschlamm in der Wirbelschicht und Produktanalytik
Dissertation, Universität Hamburg 1986

Steinstrasser, F. A.
Pyrolyse von kanadischem Ölsand in einer indirekt beheizten Technikumswirbelschicht unter Berücksichtigung der Eduktzuführung
Dissertation, Universität Hamburg 1986

Prösch, U.
Pyrolyse von Kunststoffen aus der Hausmüllsortierung unter Berücksichtigung des Verbleibens von Schadstoffen
Dissertation, Universität Hamburg 1988

Reichardt, R.
Pyrolyse von Ölschiefer in der Wirbelschicht. Ein Verfahren zur Erzeugung von Chemierohstoffen
Dissertation, Universität Hamburg 1988

Kummer, A. B.
Pyrolyse von ausgefaultem Klärschlamm in der Wirbelschicht. Eine Entsorgungsalternative
Dissertation, Universität Hamburg 1989

Steffensen, U.
Pyrolyse von Sonderabfällen in der Wirbelschicht
Dissertation, Universität Hamburg 1989

Woebs-Gosch, V.
Über eine Eignung der Aromatenalkylierung mit Hilfe von Zeolithen zur Verbesserung der Struktur von Pyrolyseprodukten
Dissertation, Universität Hamburg 1989

Hoffmockel, M.
Beseitigung von Organochlor aus heißen (Pyrolyse-)Gasen und Begleituntersuchungen an einer technischen Demonstrationsanlage zur Kunststoffpyrolyse
Dissertation, Universität Hamburg 1990

Bellmann, U.
Hydrierung von hochsiedenden Teeren aus der Klärschlammpyrolyse
Dissertation, Universität Hamburg 1990

Song, Q.
Verbesserung der Produktstruktur von Pyrolysegasen aus einer Wirbelschicht an einem nachgeschalteten Zeolith-Katalysator
Dissertation, Universität Hamburg 1991

Ying, Y.
Pyrolyse von kommunalem und papierindustriellem Klärschlamm in der Wirbelschicht
Dissertation, Universität Hamburg 1991

Pohlmann, K.
Thermische Abspaltung von HCl aus Organochlorverbindungen und Entfernung des HCl aus der Pyrolyse-Wirbelschicht
Dissertation, Universität Hamburg 1991

Diskussion

Herr Jaenicke: Was geschieht denn im Wirbelstromofen mit den Eisenringen aus den Reifen?

Herr Sinn: Diese Stahldrähte sind sehr schön blank und haben übrigens die interessante Eigenschaft, daß sie sich so ähnlich wie Putzwolle knäueln. Früher hatte man doch Stahlwolle gehabt, um Stahlflächen zu reinigen. Die Drähte koagulieren zu solchen Bällen, die einen großen Strömungswiderstand und ein ganz kleines spezifisches Gewicht haben; und infolgedessen schwimmen sie auf der Wirbelschicht. Den Austrag konnte ich aus Zeitgründen nicht zeigen: Der Reifenreaktor hatte einen Rechen, der um einen seitlichen Drehpunkt hochgeklappt werden konnte. Deshalb gab es den Seitenteil mit Schacht. Von Zeit zu Zeit wurde der Rechen hochgeklappt, so daß die Drahtknäuel in den Schacht fielen. Der Stahlcord ist ein erheblicher Wertbestandteil; es sind hochlegierte Stähle, die sich gut verwerten lassen. Andere zu Boden sinkende Teilchen werden über den schrägen Wirbelboden ausgetragen. Sie rutschen langsam an die tiefste Stelle und werden mit Hilfswirbeleinrichtungen seitlich ausgetragen.

Herr Jaenicke: Und wenn man chlorierte Kohlenwasserstoffe in der Dampfphase hat, wird deren Chlor mit dem Eisen zu Eisenchlorid umgesetzt?

Herr Sinn: Bei der hohen Temperatur haben wir jedenfalls so etwas nicht beobachtet, auch keine Erosion.

Herr Bayer: Das Eisen müßte oxidiert werden, um Eisenchlorid zu bilden. Aber die Prozeßbedingungen sind ja sauerstoff-frei.

Herr Sinn: Wir arbeiten sauerstoff-frei.

Herr Baerns: Herr Sinn, Sie haben uns Stoffbilanzen gezeigt, die etwas darüber aussagen, was mit dem Kohlenstoff bzw. seinen Verbindungen im Laufe des Verfahrens geschieht. Wie sieht es mit den Energiebilanzen aus? Sie geben ja ein Edukt in den Prozeß hinein, das einen gewissen Energieinhalt hat, und Sie erhalten Produkte, die wohl einen niedrigen Energieinhalt haben. Müssen Sie außer der sich hieraus ergebenden Differenz dann noch weitere Energie aufwenden?

Herr Sinn: Ich sagte ja, daß zwischen 10 und 13 Gew.-% der Kohlenwasserstoff-Edukte verbrannt werden müssen. Die technische Anlage braucht keinerlei Hilfsstoffe zur Energieerzeugung, sondern es wird ein Teil der entstandenen Pyrolyseprodukte, ungefähr die Hälfte des entstehenden Gases – das sind dann 13 Gew.-% der Kohlenwasserstoff-Produkte, die entstehen –, in die Strahlheizrohre der Anlage geführt und dort verbrannt.

Herr Baerns: Das ist also der Energieverlust bzw. -aufwand, ohne daß weitere (z. B. elektrische) Energie notwendig ist?

Herr Sinn: Ja, nicht eigentlich Verlust, sondern Aufwand für die Pyrolyse; sie ist ja endotherm.

Herr Appel: Haben Sie den Ruß einmal auf Fullerene untersucht?

Herr Sinn: Nein.

Herr Bayer: Alle rein thermischen Verfahren sind sicher preisgünstiger als die Hydrierung von Kunststoffen. Gleichwohl wird in der Öffentlichkeit auf eine Hydrieranlage der VEBA hingewiesen, auch vom DSD im Rahmen des Kapazitätsnachweises für die Wiederverwertung von Kunststoffverpackungen. Die Kapazität dieser Anlage ist, abgesehen vom Preis, nicht groß genug, um diese Probleme zu lösen.

Herr Sinn: Ich möchte nicht gegen die Hydrierung polemisieren. Es muß gerechnet werden! Zur Zeit scheint es, obwohl Wasserstoff weltweit knapp ist, in der Bundesrepublik einen Wasserstoffüberschuß zu geben. Wenn nun eine Anlage zur Hydrierung steht und schon abgeschrieben ist, mit der man also Geld verdienen kann, dann wäre die VEBA ja sehr dumm, wenn sie mit dieser Anlage nicht Geld verdienen würde. Interessant wird es erst, wenn die Kapazität der vorhandenen Anlage nicht mehr ausreicht und Investitionskosten zusätzlich berücksichtigt werden müssen. Die von mir genannten Nettoentsorgungskosten von 250–300 DM/Tonne haben die Investitionskosten für Anlagen mit 10.000 Jahrestonnen berücksichtigt. (Anmerkung bei der Korrektur: DSD hat uns für die Hydrierung Nettoentsorgungskosten von 600,- DM/Tonne ohne Berücksichtigung der Investitionskosten genannt.)

Herr Bayer: Das geht ja noch, wenn Sie reinen Kunststoff haben oder reine Substrate. Aber gerade bei Verbundwerkstoffen hat man sehr viele anorganische Bestandteile, Chlorbestandteile, und was dann mit den Katalysatoren ist, das wissen wir wirklich nicht.

Herr Sinn: Ich möchte nicht den Eindruck erwecken, als hätte ich resigniert, aber ich stimme Ihnen, Herr Bayer, zu. Es gibt eine gewisse Grenze, wo der Hochschullehrer, selbst wenn er sich sehr engagiert, nicht mehr die Möglichkeit hat, etwas durchzusetzen.
Unsere Aufgabe kann nur sein, soweit wir das in der Hochschule können, Verfahren zu entwickeln und dann öffentlich darzustellen. Allerdings muß die Entwicklung etwas über den Labormaßstab hinausgehen. Ich habe nämlich die Erfahrung gemacht, daß der Sprung von dem vergoldeten Laborreaktor zum Technikumsreaktor ein ziemlich gewaltiger Sprung ist. Dieser Sprung konnte an der Hochschule gerade noch gemacht werden; danach war das weitere Up-scale eigentlich kein Problem mehr. Der erste Up-scale-Schritt war eine Vergrößerung 1:1000, nämlich von 30 g/h auf 30 kg/h. Die nachfolgenden Schritte zum technischen Reaktor waren dann Schritte mit Faktoren von 20 oder 30. Auch solche Schritte sind in der Technik je nach Reaktor schon schwierig, aber doch beherrscht.

Herr Menges: Zur Zeit herrscht eine gewisse Euphorie, was die Hydrierung angeht. Es soll in der Nähe von Karlsruhe/Mannheim eine Hydrieranlage gebaut werden, die ziemlich fest in der Planung ist. Herr Brück von DSD denkt an fünf Anlagen, die er, über die Bundesrepublik verteilt, bauen will, obwohl, wie Herr Bayer richtig sagt, die Kosten irgendwo zwischen 800 und 1000 DM/t anzusetzen sind. Deshalb ist es eigentlich etwas verwunderlich, daß man von der Pyrolyse überhaupt nicht mehr redet. Sie ist eigentlich weg vom Fenster, jedenfalls was die reine Kunststoffpyrolyse oder die Wertstoffpyrolyse angeht. Im Hinblick auf den Verbund mit Verbrennungslanlagen wird sie natürlich sehr wohl weiter diskutiert, intensiv sogar.
Herr Sinn, ich weiß es nicht, aber vielleicht reden Sie doch zu wenig. Wenn Sie es überall so schön machten wie hier, müßte das doch eigentlich ankommen.

Herr Fettweis: Sie haben zu Recht darauf hingewiesen, daß man bei der Beurteilung der Zahlen, die im Zusammenhang mit solchen Verfahren genannt werden, sehr vorsichtig sein muß, daß man sie im einzelnen überprüfen muß. Das gilt natürlich auch für die Zahlen, die Sie selber genannt haben. Wenn ich zum Beispiel die letzten Zahlen bei dem Vergleich der Ölpreise nehme, dann stellt sich die Frage, was hinter dem Rapsöl wieder an Rohöl steckt. Das Rapsöl wird ja mit einer ganz erheblichen Menge Rohöl erzeugt, denn in der Landwirtschaft wird direkt und indirekt viel Rohöl verbraucht. Denken wir nur an die Traktoren und Landmaschinen, mit denen die Felder bearbeitet werden, an den Kunstdünger, die Pestizide und die Herbizide, die aus Rohöl hergestellt werden, an den Energiebedarf der landwirtschaftlichen Anlagen usw.

Wenn man die Zahlen, die Sie gezeigt hatten, ganz elementar betrachtet, dann fällt auf, daß der Preis bei Fischöl 600 DM/t betrug, bei Rohöl 200 DM/t und bei Rapsöl 800 DM/t. Es könnte also sein, daß Rapsöl genau zusätzlich die Kosten für 1 t Rohöl enthält, so daß also mit dem Rapsöl gegenüber dem Rohöl gar nichts gewonnen wäre.

Herr Sinn: Das ist das Problem der Lastpakete. Ich habe ja vorhin gesagt, daß selbst das Umweltbundesamt der Meinung ist, es könnten derzeit keine zuverlässigen Ökobilanzen erstellt werden, die ökologische Werte monetarisieren. Mit der Angabe von Geldwerten (geldwerten Vorteilen) für ökologische Werte scheinen wir also unsere Probleme zu haben.

Mit meinem Vergleich von Rohöl einerseits und Rapsöl, Palmöl und Fischöl andererseits habe ich nur einmal wiedergegeben, wie die derzeitigen Spotpreise frei Rotterdam zur Zeit sind (nach Angabe der Handelskammer in Hamburg). Ich habe die Werte nicht weiter hinterfragt.

Wenn die Marktwirtschaft wirklich gut funktionieren würde, dann würden ja die jeweiligen Marktpreise uns das Füllen der Lastpakete ersparen. Wir wissen aber doch, daß die derzeitigen Marktpreise zumindest einen Teil der ökologischen Werte nicht berücksichtigen, keine Rückstellung zum Ausgleich des irreversiblen Verbrauchs enthalten und zum Teil ja auch Raubpreise sind. Der Preis des Rohöls wird durch Förder- und Transportkosten und die Politik (Handelspolitik) bestimmt. Einen eigentlichen Marktwert hat Öl deshalb nicht, weil uns die Ressourcenverarmung im Moment nicht bewußt ist und in den Marktpreis nicht eingeht. So empfinde ich, aber ich bin kein Ökonom.

Herr Bayer: Dazu möchte ich noch etwas sagen. Ich hatte hier ja die große Masse von Huminstoffen in Sedimenten angeführt. Im Augenblick beträgt die Produktion an organischem Kohlenstoff durch die Photosynthese jährlich etwa 10^{11} t/Jahr. Wenn man alle fossilen Rohstoffe der bekannten Lagerstätten einschließlich Kohle, Erdöl und Erdgas, also nur das, was gesichert ist, nimmt, dann entspricht das einer 20-Jahre-Produktion – nicht mehr. Mehr als eine 20-Jahre-Produktion hat uns also die Natur mit allen Unsicherheiten, die letzten Endes in diesen Berechnungen stecken, als fossile Brennstoffe nicht überlassen.

Veröffentlichungen
der Nordrhein-Westfälischen Akademie der Wissenschaften

Neuerscheinungen 1989 bis 1995

Vorträge N Heft Nr.		NATUR-, INGENIEUR- UND WIRTSCHAFTSWISSENSCHAFTEN
364	Hans Ludwig Jessberger, Bochum	Geotechnische Aufgaben der Deponietechnik und der Altlastensanierung
	Egon Krause, Aachen	Numerische Strömungssimulation
365	Dieter Stöffler, Münster	Geologie der terrestrischen Planeten und Monde
	Hans Volker Klapdor, Heidelberg	Der Beta-Zerfall der Atomkerne und das Alter des Universums
366	Horst Uwe Keller, Katlenburg-Lindau	Das neue Bild des Planeten Halley – Ergebnisse der Raummissionen
	Ulf von Zahn, Bonn	Wetter in der oberen Atmosphäre (50 bis 120 km Höhe)
367	Jozef S. Schell, Köln	Fundamentales Wissen über Struktur und Funktion von Pflanzengenen eröffnet neue Möglichkeiten in der Pflanzenzüchtung
368	Frank H. Hahn, Cambridge	Aspects of Monetary Theory
370	Friedrich Hirzebruch, Bonn	Codierungstheorie und ihre Beziehung zu Geometrie und Zahlentheorie
	Don Zagier, Bonn	Primzahlen: Theorie und Anwendung
371	Hartwig Höcker, Aachen	Architektur von Makromolekülen
372	János Szentágothai, Budapest	Modulare Organisation nervöser Zentralorgane, vor allem der Hirnrinde
373	Rolf Staufenbiel, Aachen	Transportsysteme der Raumfahrt
	Peter R. Sahm, Aachen	Werkstoffwissenschaften unter Schwerelosigkeit
374	Karl-Heinz Büchel, Leverkusen	Die Bedeutung der Produktinnovation in der Chemie am Beispiel der Azol-Antimykotika und -Fungizide
375	Frank Natterer, Münster	Mathematische Methoden der Computer-Tomographie
	Rolf W. Günther, Aachen	Das Spiegelbild der Morphe und der Funktion in der Medizin
376	Wilhelm Stoffel, Köln	Essentielle makromolekulare Strukturen für die Funktion der Myelinmembran des Zentralnervensystems
377	Hans Schadewaldt, Düsseldorf	Betrachtungen zur Medizin in der bildenden Kunst
378	6. Akademie-Forum	Arzt und Patient im Spannungsfeld: Natur – technische Möglichkeiten – Rechtsauffassung
	Wolfgang Klages, Aachen	Patient und Technik
	Hans-Erhard Bock, Tübingen, Hans-Ludwig Schreiber, Hannover	Patientenaufklärung und ihre Grenzen
	Herbert Weltrich, Düsseldorf	Ärztliche Behandlungsfehler
	Paul Schölmerich, Mainz	Ärztliches Handeln im Grenzbereich von Leben und Sterben
	Günter Solbach, Aachen	
379	Hermann Flohn, Bonn	Treibhauseffekt der Atmosphäre: Neue Fakten und Perspektiven
	Dieter Hans Ehhalt, Jülich	Die Chemie des antarktischen Ozonlochs
380	Gerd Herziger, Aachen	Anwendungen und Perspektiven der Lasertechnik
	Manfred Weck, Aachen	Erhöhung der Bearbeitungsgenauigkeit – eine Herausforderung an die Ultrapräzisionstechnik
381	Wilfried Ruske, Aachen	Planung, Management, Gestaltung – aktuelle Aufgaben des Stadtbauwesens
382	Sebastian A. Gerlach, Kiel	Flußeinträge und Konzentrationen von Phosphor und Stickstoff und das Phytoplankton der Deutschen Bucht
	Karsten Reise, Sylt	Historische Veränderungen in der Ökologie des Wattenmeeres
383	Lothar Jaenicke, Köln	Differenzierung und Musterbildung bei einfachen Organismen
	Gerhard W. Roeb, Fritz Führ, Jülich	Kurzlebige Isotope in der Pflanzenphysiologie am Beispiel des ^{11}C-Radiokohlenstoffs
384	Sigrid Peyerimhoff, Bonn	Theoretische Untersuchung kleiner Moleküle in angeregten Elektronenzuständen
	Siegfried Matern, Aachen	Konkremente im menschlichen Organismus: Aspekte zur Bildung und Therapie
385	Parlamentarisches Kolloquium	Wissenschaft und Politik – Molekulargenetik und Gentechnik in Grundlagenforschung, Medizin und Industrie
386	Bernd Höfflinger, Stuttgart	Neuere Entwicklungen der Silizium-Mikroelektronik

387	János Kertész, Köln	Tröpfchenmodelle des Flüssig-Gas-Übergangs und ihre Computer-Simulation
388	Erhard Hornbogen, Bochum	Legierungen mit Formgedächtnis
389	Otto D. Creutzfeld; Göttingen	Die wissenschaftliche Erforschung des Gehirns: Das Ganze und seine Teile
390	Friedhelm Stangenberg, Bochum	Qualitätssicherung und Dauerhaftigkeit von Stahlbetonbauwerken
391	Helmut Domke, Aachen	Aktive Tragwerke
392	Sir John Eccles, Contra	Neurobiology of Cognitive Learning
393	Klaus Kirchgässner, Stuttgart	Struktur nichtlinearer Wellen – ein Modell für den Übergang zum Chaos
394	Hermann Josef Roth, Tübingen	Das Phänomen der Symmetrie in Natur- und Arzneistoffen
	Rudolf K. Thauer, Marburg	Warum Methan in der Atmosphäre ansteigt. Die Rolle von Archaebakterien
395	Guy Ourisson, Straßburg	Die Hopanoide
	Werner Schreyer, Bochum	Ultra-Hochdruckmetamorphose von Gesteinen als Resultat von tiefer Versenkung kontinentaler Erdkruste
396	Gottfried Bombach, Basel	Zyklen im Ablauf des Wirtschaftsprozesses – Mythos und Realität
	Knut Bleicher, St Gallen	Unternehmungsverfassung und Spitzenorganisation in internationaler Sicht
397	Jean-Michel Grandmont, Paris	Expectations Driven Nonlinear Business Cycles
	Martin Weber, Kiel	Ambiguitätseffekte in experimentellen Märkten
398	Alfred Pühler, Bielefeld	Bakterien–Pflanzen–Interaktion: Analyse des Signalaustausches zwischen den Symbiosepartnern bei der Ausbildung von Luzerneknöllchen
399	Horst Kleinkauf, Berlin	Enzymatische Synthese biologisch aktiver Antibiotikapeptide und immunologisch suppressiver Cyclosporinderivate
	Helmut Sies, Düsseldorf	Reaktive Sauerstoffspezies: Prooxidantien und Antioxidantien in Biologie und Medizin
400	Herbert Gleiter, Saarbrücken	Nanostrukturierte Materialien
	Hans Lüth, Jülich	Halbleiterheterostrukturen: Große Möglichkeiten für die Mikroelektronik und die Grundlagenforschung
401	Gerhard Heimann, Aachen	Medikamentöse Therapie im Kindesalter
	Egon Macher, Münster/Westf.	Die Haut als immunologisch aktives Organ
402	Konstantin-Alexander Hossmann, Köln	Mechanismen der ischämischen Hirnschädigung
	Herrmann M. Bolt, Dortmund	Zur Voraussagbarkeit toxikologischer Wirkungen: Kanzerogenität von Alkenen
403	Volker Weidemann, Kiel	Endstadien der Sternentwicklung
	Alfred Müller, Erlangen	Quantenmechanische Rotationsanregungen in Kristallen
404	Matthias Kreck, Mainz	Positive Krümmung und Topologie
405	Benno Parthier, Halle	Problemfelder der zusammengefügten deutschen Wissenschaftslandschaft
	Erhard Hornbogen, Bochum	Kreislauf der Werkstoffe
406	Hubert Markl, Konstanz, Berlin	Wissenschaftliche Eliten und wissenschaftliche Verantwortung in der industriellen Massengesellschaft
407	Joachim Trümper, Garching	Was der Röntgensatellit ROSAT entdeckte
	Dietrich Neumann, Köln	Ökologische Probleme im Rheinstrom
408	Wilfried Werner, Bonn	Recycling biogener Siedlungsabfälle in der Landwirtschaft
409	Holger W. Jannasch, Woods Hole MA	Neuartige Lebensformen an den Thermalquellen der Tiefsee
410	Hartmut Zabel, Bochum	Epitaxielle Schichten: Neue Strukturen und Phasenübergänge
	Eckart Kneller, Bochum	Der Austauschfeder-Magnet: Ein neues Materialprinzip für Permanentmagnete
411	Brigitte M. Jockusch, Braunschweig	Architekturelemente tierischer Zellen
412	Alfred Fettweis, Bochum	Numerische Integration partieller Differentialgleichungen mit Hilfe diskreter passiver dynamischer Systeme
413	Ernst, Bayer, Tübingen	Theorie und Praxis der Niedertemperaturkonvertierung zur Rezyklisierung von Abfällen
	Hansjörg Sinn, Hamburg	Wertstoff- und Energie-Rückgewinnung aus hochkalorigen Abfallstoffen wie Altreifen und Kunststoff-Schrott
414	Wolfgang Priester, Bonn	Über den Ursprung des Universums: Das Problem der Singularität

MIX
Papier aus verantwortungsvollen Quellen
Paper from responsible sources
FSC® C105338

If you have any concerns about our products,
you can contact us on
ProductSafety@springernature.com

In case Publisher is established outside the EU,
the EU authorized representative is:
**Springer Nature Customer Service Center GmbH
Europaplatz 3, 69115 Heidelberg, Germany**

Printed by Libri Plureos GmbH
in Hamburg, Germany